T

大美
TINGZHOU
汀州

生态家园

主　编　林　红

执行主编　李文生

廖金璋

社会科学文献出版社
SOCIAL SCIENCES ACADEMIC PRESS (CHINA)

序一

"一川远汇三溪水，千嶂深围四面城。"闽赣边陲要冲，一条唤作"汀江"的客家母亲河，孕育了一座古老而又美丽的山城——长汀。我对长汀的认识、了解以及倾慕由来已久，在省里工作时，就曾多次到长汀，感受到汀州客家文化的淳朴厚重、博大精深。及至履新龙岩，又几经访汀，饱含中原韵味的客家文化，丰富多彩、开放包容的风俗文化，彪炳史册、光照千秋的红色文化，天人合一、自然和谐的生态文化，让我深受感染和教育。

长汀，历史悠久、底蕴深厚，是久负盛名的历史名城。"唐宋元明清皆谓金瓯重镇，州郡路府县均称华夏名城"，从盛唐到清末，长汀都是闽西的政治中心、经济中心、文化中心。遥想当年，"十万人家溪两岸，绿杨烟锁济川桥"，商船码头、桨声篙影，"上河三千，下河八百"，一片繁华景象。古城墙、古城楼、古井、试院、文庙、天后宫、城隍庙等古迹，以及传统街区、家祠家庙、会馆、民居历经千年风雨古韵犹存，时刻诉说着古城汀州的过往，见证着古城汀州的辉煌。

长汀，文化厚重、璀璨多姿，是享誉中外的客家首府。自晋代"永嘉之乱"以后，客家先民背负中原文明，衣冠南渡，筚路蓝缕，将中原优秀文化带到闽山汀水，融入血脉、赋予浓情、世世沿袭、代代传承，凝结成独具魅力的汀州客家文化，使长汀成为客家传统艺术的策源地和传播中心。客家母亲河——汀江静静流淌，孕育了一代又一代客家儿女，而作为客家人发祥地和大本营的汀州，亦被誉为世界客家首府，成为海内外客家人寻根谒祖的圣地。

长汀，星火燎原、红旗不倒，是光耀神州的红军故乡。朱德总司令曾感慨道，在长汀的意外战果，是革命发展的转折点。土地革命战争时期，以毛泽东为代表的中国共产党人，在长汀进行了伟大的探索和实践，留下了红军入闽第一仗、红军第一个军团建制、中央苏区第一所红军医院、红军第一次统一军装、红军长征第一村等革命斗争史迹。中华苏维埃国家银行福建分行、闽西工农银行、中华贸易公司、中华纸业公司、中华织布厂、中华运输管理局福建分局等金融贸易机构相继在汀设立，长汀成为中央苏区的经济中心，被誉为"红色小上海"，对粉碎国民党反动派对中央苏区的经济封锁，发挥了巨大的作用。

长汀，山水秀美、景色怡人，是宜居宜业的生态家园。中华人民共和国成立以来，长汀人民持续发扬"滴水穿石，人一我十"的精神，采取一系列措施治理水土流失。特别是近年来，长汀人民牢记习近平总书记"进则全胜，不进则退"的嘱托，在更高起点上打造"长汀经验"升级版。昔日的火焰山，如今森林茂密、瓜果飘香，变成了花果山，实现了荒山到绿洲的华丽蜕变。长汀水土保持和生态建设的成功实践，被誉为"我国南方地区水土流失治理的一个典范"。

"追昔是要抚今，继往更需开来。"这些历史的足迹和时代印记，属于长汀，属于 53 万长汀人民，也属于闽西 300 多万老区人民，更是中华民族悠久灿烂文化的重要元素，历久弥珍。我们需要有这样一种书，从既往的实践探索中，记载城市的变迁、进步与成就，留住身边的美好，珍藏和重拾那些珍贵的记忆。"大美汀州"丛书由此应运而生，该丛书分《历史名城》《客家首府》《红军故乡》《生态家园》《长汀映像》5 辑，上溯文明发端、下迄今日辉煌，是深度挖掘、高度提炼、广度宣传长汀悠久历史和灿烂文化的力作，也是系统反映长汀发展、全面反映长汀历史的百科全书和资料性文献。相信该丛书的推出，定将有益于引领广大读者走进长汀这座"客家博物馆"，汲取艰苦奋斗、开拓奋进的正能量；有益于提振广大闽西人民的精气神，使闽西人民以更加奋发有为的状态投身改革发展大潮，向全面建成小康社会的宏伟目标奋勇前进。同时，也期许有更多此类作品出现，更好地传承客家传统文化和红色基因、弘扬客家精神和红色传统，为建设机制活、产业优、百姓富、生态美的新龙岩做出新的更大贡献。

是为序。

中共龙岩市委书记　李德金

2016 年 7 月

故事纷呈绘华章

一大摞文稿集结成 5 本样书摆在案头，拜读一遍后的印象是：厚重、精彩、气势恢宏；5 本书从多个分支文化的角度讲述了引人入胜的长汀故事，组合成洋洋大观之"大美汀州"丛书，我当为策划与编撰者点赞！

福建西部、闽赣边陲、武夷山南段，有一片 3099 平方公里的神奇土地，这里千山竞秀、群山叠嶂、物华天宝、人杰地灵。这便是古置汀州、今为长汀县的我的家乡。这片热土，始拓蛮荒、石器发蒙、汉代建属、西晋置县、盛唐开州，至宋元明清设置，均为州郡路府衙署，遂为八闽客家首府，"阛阓繁阜，不减江浙中州"。在漫长的历史文明进程中，汉族客家民系客家人于此聚族生息、客居安家，孕育了勤劳智慧勇敢敦厚的汀州儿女，衍生了历史名城文化、客家文化、红色文化、生态文化、美食文化、乡土文化等文化基因，促成了汀州这片神奇乡土的繁华与荣光，书写了大美汀州无穷的传奇故事。

作为文明发祥勃兴之地，自蒙启鸿荒而生生不息，毓炼着人类文明秉性，穿越青史风尘而告别昨天来到今天。天缘地幸之汀州古城，便理所当然要成为国家级"历史文化名城"。1000多年前盛唐的那位"太平宰相"张九龄做客其时汀城"谢公楼"后，情不自禁写下《题谢公楼》，由此使谢公楼铭刻于文学、铭刻于历史。更甚者，这位曲江公竟要将汀州与他深爱的故土相比，不得不说："景色虽异，各有千秋，此地不亚于岭南风光。"这就是名城之历史、历史之名城！曾有人百思不解汀城的"十二城门九把锁"，京城才有"九门"呢！还有那"观音挂珠"的城池，好像在张开博大胸襟、笑吟吟迎接客人。唐宋城楼、明清古街，如是历史文化加名城，实至名归矣！

当年南迁汉民，披荆斩棘、筚路寻梦，在困境之际，是汀州母亲接纳抚慰了他们，从而得以安身立命、养欣一方。于是，飘零的心在这里依偎，暖融融的炊烟在这里升腾，文明的薪火在这里燎燃。于是，发源于此的汀江成为客家母亲河，世界客属循年聚此公祭朝拜，客家人用慈茂恩深的赤诚，熔铸了慎终追远、博大雍容的客家文化风情。

1938年，国际友人路易·艾黎来到长汀创办了"中国工业合作协会"，一番考察之后感叹："中国有两个最美丽的小城，一个是湖南凤凰，一个是福建长汀。"是啊，长汀至美，"一川远汇三溪水，千嶂深围四面城"，风光旖旎、诗情画意，山、水、城、景、街、居均富古韵，怎不让人流连忘返。而那城建格局与景观形成的"三山对三景，三水一轴线"，使城在山中，江在城中，真道是：水为根、绿为主、文为魂、人为本，怎个"最美丽的小城"了得！

1937年，朱德总司令在延安深切地对采访他的史沫特莱直言，在长汀的意外战果，是革命发展的转折点。[1]当年长汀的"闹红"，曾使党中央把长汀作为"首都"的首选地，后来长汀成了红色政权的"经济首都"，作为苏维埃共和国的"第一市"，被誉为"红色小上海"。苏维埃的几十个"第一个"在这里诞生，建立新中国的几十位元勋，包括毛泽东、周恩来、

---

1 转引自〔美〕艾格妮丝·史沫特莱《伟大的道路》，梅念译，东方出版社，2005，第288页。

刘少奇、朱德、邓小平、陈云等，均在这里留下战斗的足迹，长汀被称为"毛泽东思想策源地之一"，也是长征征程的"出发地之一"，更被红军战士们亲切地称为"红军故乡"。毛泽东喜欢红色，"红旗跃过汀江""风展红旗如画"，红色是中国共产党人革命的代名词。长汀是孵化红色文化的红土地，是革命的人们抒发红色情怀、传承红色基因、弘扬红色精神、释放红色能量的"红色家园"。

中国人特别推崇的"五行"文化思想中，有两个基本元素，这就是"水"和"土"。如放到人类生存的地球来考量，火（能源）、金（矿产）、木（森林）、土（土壤）形成的是"大土地"，它与"水"组成了辩证关系。所谓"五行"，实际是讲人与大自然的关系在很大程度上不过就是"水土"关系。于是便有了"服水土""一方水土养一方人"等格言。上苍恩泽，长汀原本属于水资源还算丰富的地方，处于中亚热带季风气候区，多年平均降水量达 1737 毫米，年平均水资源量有 41.57 亿立方米，流域面积 50 平方公里以上的河流有 17 条，地下水资源也还丰富。从"土"的情况看，地貌以低山为主，低山丘陵占总面积的 71.11%，其中红壤占 79.81%。可见，长汀的"水"与"土"相辅相成，原本是"水土相服"，故才有了较佳的生态系统，才构成了那一派郁郁葱葱的"田园风光"。然而，事情总有两面性，长汀的生态环境也隐藏着特殊的脆弱性。其一，在气候方面，降水集中，年际变化又大，且多暴雨，常造成大面积的洪涝崩山，自然灾害不断；其二，在地质与土壤方面，由于境内成土岩主要为砂质岩、泥质岩、酸性岩类，其风化物发育而成红壤和黄壤，一旦坡地植被遭受破坏，土壤侵蚀就迅速加剧；其三，在地形方面，地貌类型以丘陵、低山为主，恰好最易造成水土流失。加上人为的战乱、乱砍滥伐、无度开发等因素加重了植被人为破坏，从而使长汀成了我国南方花岗岩地区水土流失最为严重的区域，"柳村无柳、河比田高"，水土流失面积最高曾达到全县国土面积的 31.5%。

有着战天斗地精神和革命传统的长汀人民，于是展开了顽强的水土治理的长期抗争。尤其是改革开放以来，几十年的薪火不断。1999年时任代省长的习近平同志提出："要锲而不舍，统筹规划，用10年到15年时间，争取国家、省、市支持，完成国土整治，造福百姓。"一场水土治理攻坚战全面打响，终于赢得了春华秋实。2012年1月8日，习近平同志做出批示："要总结长汀经验，推进全国水土流失治理工作。""长汀经验"继而传遍神州大地。几十年来长汀人民坚守励精图"治"信念，谱写了一篇篇感天动地的水土治理华章，描绘着长汀"生态文化"的传奇。

《列子·天瑞》中有句话："有人去乡土、离六亲、废家业。"自此，乡土二字便与一个人的出生地关联起来，乡土也被叫作故土、本土，每个人提到这二字都会感觉是那样的亲切、温馨，也希望获得与乡土有关的文化知识。我清楚记得在中学初中阶段，历史老师给我们这些青少年讲授"长汀乡土文化"的情景。睿智的老师还自行编了本薄薄的"长汀乡土知识教材"，带领着我们去参观城郊的"蛇王庙"、城里的"天后宫"，生动地为我们讲述汀州奇特的"严婆崇拜"等。于是，长汀的乡土文化便扎根在我们细嫩的心灵中、发芽在我们的心田里；于是，故土庄严、家乡情结伴随着我们的人生。

是的，一个人出生地相关的历史地理、民俗风情、传说故事、古建遗存、名人传记、传统技艺、村规民约、家族家谱、古树名木等，对于生于斯长于斯的人们来说，具有通灵之性，能陶冶情操、传承渊源，这便是作为文化一个分支的"乡土文化"。乡土文化是中华民族得以繁衍前行的一种精神寄托和智慧结晶，是民族凝聚力和进取心的一种重要动因，是区别于其他文化的唯一特征，是难以替代的无价之宝。长汀是乡土文化的肥沃之土、天成宝库。难能可贵的是，丛书对此也占有一定的分量，体现出长汀的文风不振、福地洞天。

长汀故事的素材何其多、何其足，长汀有着讲不完的故事！如今，人们可以通过这套丛书去深情领略、细细品味，感心动容地去抚摸这"大美汀州"。谨此，我们要真诚感谢福建省委党校和长汀县的主事者及丛书的所有写作者们。

一年多前，曾有媒体将当年路易·艾黎所盛赞的中国两个最美小城做出对比，写出专文《从凤凰传奇，看长汀能否重生》。文中指出："同样是外国友人眼中的最美小城，如今凤凰古城已经是全国鼎鼎大名的旅行地，相比之下，闽西长汀的知名度相距甚远。"

真乃一语中的！"相距甚远"的原因自然多多，主客因素也诚然不少，但这"知名度"的差距的确也是关键所在。

习近平总书记一再倡导讲好中国故事，并亲身践行，他强调要提升我国软实力，讲好中国故事，做好对外宣传；还特别指明，文艺工作者要讲好中国故事、传播好中国声音、阐发中国精神、展现中国风貌，让外国民众通过欣赏中国作家、艺术家的作品来深化对中国的认识、增进对中国的了解。总书记提出的这个重要命题，值得我们认真领悟。治国如是，地方治理亦然！故事比那些抽象的概念、直接的宣示更吸引人、感染人，也更让人深悟其中之道。会讲故事是一种能力、一种水平，各级领导尤应有这种智慧。我们欣喜地看到长汀主事者们的这种能力、这种水平、这种智慧，真乃家乡幸甚！

丛书主编方再三邀我写序，盛情难却，写下这许多，就教于读者。权以为序。

谢先文

2016 年 5 月 1 日于福州

序二

　　"天下水流皆向东，唯有汀水独向南。"汀江水悠悠流淌，庇护着客家人开基、创业、繁衍、生息……汀州城枕山临溪，默默承化，成就了历练千年的历史名城、名扬天下的客家首府、光耀神州的红军故乡和红军长征出发地、南方水土保持的典范。

　　汀州，向来从容淡定，以自身的魅力连接历史，走向未来。窄窄的街巷、仄仄的青石板诉说着历史的沧桑。汀州，自唐始设州，至清末均是州、郡、路、府所在地，古代闽西的政治、经济和文化中心。不必说"十万人家溪两岸"，不必说"十二城门九把锁"，这些都不足以描绘当年她那万商云集、车水马龙的繁盛景象。就单单那规模宏大的汀州古城墙、精美绝伦的汀州试院、独具匠心的汀州文庙、古色古香的店头街……历经岁月淘洗愈显古韵风情。难怪新西兰国际友人路易·艾黎发出这样的感叹"中国有两个最美丽的小城，一个是湖南凤凰，一个是福建长汀"。

　　历史选择了汀州，汀州选择了客家。"永嘉之乱"后，成千上万中原汉人为了躲避战乱、灾荒，衣冠南渡，几经跋涉来到汀江流域开拓创业，历经三次南迁，后定居于汀江流域，在与原住民相互融合中，最终形成汉民族中一支独特的民系——客家。漫步在古家祠、古家庙、古会馆、古府第等客家建筑群中，悠扬的客家山歌从远处传来，淳朴的客家民风映入眼帘，诱人的客家美食香气扑鼻，你会知道汀州与客家已完美融合在一起。重重叠叠的大山没能挡住汀州客家包容的胸怀、开放的目光，客家人沿着汀江乘风破浪，遍布五湖四海，成为世界上分布最广的民系之一，从此客家母亲身负褴褛、翘首以盼的慈祥形象成为客家人永远的乡愁。

汀州定然没有想到，会与红色结缘，成为叱咤风云、造就英雄的革命圣地。1929 年 1 月，毛泽东、朱德率领中国工农红军第四军，从井冈山出发，3 月入闽，并在长岭寨取得了红四军入闽第一仗的重大胜利，一举解放了汀州，建立了中国第一个红色县级政权——闽西苏维埃政府，红军在此得到补充休整和发展壮大。数万汀江儿女义无反顾参加红军，开始了震惊中外的万里长征。在血与火的洗礼中，仅长汀县就有在册烈士 6677 人，涌现了张赤男、罗化成、段奋夫、王仰颜、陈丕显、杨成武、傅连暲、童小鹏、梁国斌、黄亚光、张元培、何廷一、吴岱等许许多多无产阶级的忠诚战士，他们和长汀人民一道为中央革命根据地的创建和红军长征的胜利做出了巨大牺牲。

历史的光环一直引领着汀州百姓，先辈的精神一直激励着老区人民。作为我国南方红壤区水土流失最严重的县份之一，长汀人民始终"听党的话，跟党走"，用三十年坚守一个绿色梦想，用三十年诠释一种长汀精神，用三十年总结一条长汀经验。"滴水穿石，人一我十""党政主导、群众主体、社会参与、多策并举、以人为本、持之以恒"，历史再一次把汀州推向舞台中央。2011 年 12 月 10 日和 2012 年 1 月 8 日，习近平同志先后两次就长汀水土流失治理和生态建设做出重要批示，长汀实践也被水利部誉为福建生态省建设的一面旗帜、我国南方地区水土流失治理的一个典范。

美哉，汀州！令人神往的山，令人陶醉的水，令人留恋的城；壮哉，汀州！让人沉思的底蕴，让人赞叹的文化，让人景仰的精神。"大美汀州"丛书是了解汀州的一个窗口，是一部生动的地方人文教科书，在新的历史时期具有重要的现实意义和时代价值。相信该丛书的推出，定能激励和鼓舞全县 53 万老区人民坚定长汀自信，在新长汀建设征程中再续传奇、谱写华章。

中共长汀县委书记　廖深洪

2016 年 7 月

目录

CONTENTS

第一章

难忘岁月

| 大美汀州 | 生态家园 |

长汀，曾经是客家人的美好家园，山清水秀、森林茂密、鸟语花香。但由于历史的原因，沦为中国南方水土流失的重灾区，灾害频繁，土地贫瘠，生态环境恶劣，人们过得十分艰难困苦。因此，许多有识之士密切关注，进行治理水土流失的探索，但举步维艰，不断受挫，效果不佳，水土流失依然严重，山光水浊，地瘦人穷。

第一节
昔日绿洲

长汀是一个美丽的地方，位于武夷山脉南麓，福建的西部，与江西紧密相连。汀江从上坪山流淌下来，汇众山之水于一溪，穿庵杰乡的龙门峡而下，流经新桥、师福、东街等乡村，在县城又汇聚了金沙河和西河之后，向南逶迤流去，再经策武、河田、三洲、水口、濯田、羊牯等乡镇，广纳各地溪水，滚滚滔滔，一路奔向上杭、峰市，流入广东境内，与梅江汇合成韩江，注入南海。汀江两岸群山起伏，层峦叠嶂，山清水秀，风光旖旎，有诗赞曰："盈盈江水向南流，铁铸艄公纸作舟。三百滩头风浪恶，鹧鸪声里到潮州。"

早在晋代开始，成千上万中原人为躲避战乱和灾荒纷纷南迁，来到汀江流域，喜见这里竹木葱郁，土地肥沃，资源丰富，气候宜人，是一个休养生息的好地方，认为这里是世外桃源，于是人们在此定居下来，在汀江两岸垦荒造田，繁衍生息，渐渐形成中国汉民族中一支独特的民系——客家。后来，无数的客家人又从这里起步，顺着滔滔汀江水不断向外迁移，播衍海内外，因此汀江流域成为客家民系的摇篮。

由于汀江的滋润，长汀生态环境格外优美，到处绿意盎然，鸟语花香，形成八大风景：龙山白云、朝斗烟霞、云骧风月、霹雳丹灶、拜相青山、宝珠晴岚、苍玉古洞和通济瀑泉；又有十二名胜：汀江龙门、官坊奇洞、归龙凌空、大悲观日、东华翠嶂、虎忙天池、龙嶂云峰、叶花古庵、西岭松涛、乌石龙潭、丽礁虹缀、白沤映碧。宋代汀州太守陈轩赋诗赞之："一川远汇三溪水，千嶂深围四面城。花继腊梅长不歇，鸟啼春谷半无名。"又诗："城内青山城外田，三水绕城六桥连。八景九门十古寺，万树梅林杏花天。"长汀的山山水水，以其独特的魅力陶醉过历代不知多少文人雅士！

长汀是一座充满着诗情画意的山城，"十万人家溪两岸，绿杨烟锁济川桥。"新西兰友人路易·艾黎也曾深深地赞叹："中国有两个最美丽的小城，一个是湖南凤凰，一个是福建长汀。"卧龙山坐落于汀江之畔，山水成趣，刚柔和谐，山上苍松直耸云端，每当雨过天晴，白云缭绕，蔚为奇观，故有"龙山白云"之美称。有诗云："无境山高楼更高，虎头回望白云遥。金沙万户春风早，绿树清江晓放桡。"

与卧龙山遥遥相对的南屏山虽无高耸孤峰，但山态柔和曲美，宛如翡翠玉屏，横卧于汀江之滨。山上终年芳草萋萋，幽谷中鸟语花香，寺庙星罗棋布，皆掩藏在幽谷之中，最享盛名的朝斗岩飞阁临空，云蒸霞蔚，令人叹为观止。据载，朝斗岩开辟于宋代，当年有隐士雅川在霹雳岩炼丹，丹成之后到朝斗岩劈洞建庵，从此，日与烟霞为伍，成为一景，被称为"朝斗烟霞"，闻名遐迩。

出了城，四面皆山，群峰竞秀，在长汀东部童坊镇葛坪村的平原山，风景独秀，茂林苍翠，流泉淙淙。山上有一座古刹，叫广福院，又名"广福禅院"，始建于唐代。院的四周，重山复岭，松篁交错，环境十分清幽，有诗赞曰："一层栖阁一层云，花映禅堂水映门；无数名山空过眼，好风新霁上平原。"

位于长汀西部四都乡境内的归龙山，海拔1036米，雄伟挺拔，被称为"神仙之府"。若于山顶极目远眺，可见闽赣两省三县（长汀、瑞金和会昌）的壮丽景色，而脚下千沟万壑，层峦叠翠，仿佛置身于仙境之中，让人真正感受到"一览众山小"。宋代汀郡太守郭祥正曾赋诗讴歌："神仙之府名归龙,千层翠玉擎寒空;秀色凌风入城郭,半衔晓日金蒙蒙。"

长汀南部的蔡坊、南墩、策田之间也有一座高耸入云的东华山,终年浮岚飞翠,山上松杉或挺拔屹立,或旁逸斜出,或婆娑起舞……真是风情万种,坐在路边歇息观赏,只见群山起伏如巨兽,山岚浮云似海浪,远处村落像弈局,而山脚下的汀江像条曲折的白练,悠悠地向远处伸展;柳村更美,杨柳依依,给人留下无限的遐思。

汀北的庵杰乡长科村,大悲山巍峨雄伟,像一个巨大的圆锥体,顶端如笔尖直插云霄。如果在山顶观日出,更是壮观!当茫茫的云海中拥托出一轮红日,像个巨大的火球冉冉上升,真会让人感到无比惊讶和欣喜。霎时红光四射,朝霞满天。云层底下,众山宛若刚醒过来的睡美人,容光焕发,妖媚多姿,会叫人忍不住伸出双臂去拥抱,高声朗诵:"江山如此多娇……"

长汀的山擎天拔地、雄奇竞秀,与宛转澄碧的溪水和谐相对,浑然天成,正体现着客家人不畏艰苦、奋发向上的精神!那些汩汩流淌、如诉如泣的溪水,也正表现着客家人百折不回、勇往直前的气魄!

汀江滋润着两岸大地,成为一片绿洲,处处是风景;汀江养育了客家人,给客家人创造了优质的生存环境,成了客家人的母亲河。长汀是一块福地,地下水充沛,森林资源又十分丰富!

据载,汀江开航于宋代。从此,长汀的食盐就从潮州经汀江水运而来,汀江成了闽赣地区通往广东沿海的一条通道。自宋以来,汀江航道为海上贸易提供了方便。明代中叶,海禁解除后,对外贸易迅速发展,汀江流域的木材源源不断地沿汀江行销潮州、汕头等地,长汀玉扣纸、毛边纸和连城宣纸、上杭土纸都远销东南亚各国。同时,汀江流域出产的茶叶、烟丝、水果、药材、桐油等土特产,也源源不断地经汀江进入潮州、汕头,销往海内外,而一些洋货,如煤油、火柴、铁钉、布匹、海味等则通过汀江进入内地。汀江航运出现了"上河三千，下河八百"的繁荣景象。

汀江又孕育了客家的文明，推动着经济的发展，自盛唐到清末，长汀均为州郡路府的治所，是闽西政治、经济、文化的中心，这座千年古城一步步走向繁荣辉煌，当之无愧地成为客家首府。

第二节
伤痕岁月

　　然而，原本山清水秀的长汀，近百年来由于天灾人祸，成为我国南方花岗岩地区水土流失最为严重的地区，与甘肃天水、陕西长安，并列成为全国三大水土流失的重灾区。

　　长汀水土流失最为严重的要数河田镇。河田原称柳村，山清水秀，绿柳成荫，土地肥沃，森林茂密，河深水清……连村名都水灵灵的，充满了诗情画意，但遗憾的是，因为长期人为的破坏，造成严重的水土流失，河与田连成一片，致使柳村无柳，河比田高，人们不得不给村庄改名，叫"河田"了。

　　1941年福建省研究院的张木匋，在《一年来河田土壤保肥试验工作》一文中，曾对河田水土流失有这样的描述："四周山岭，尽是一片红色，闪耀着可怕的血光。树木，很少看到。偶然也杂生着几株马尾松，或木荷，正像红滑的癞秃头上长着几根黑发，萎绝而凌乱。密布的切沟，穿透到每一个角落，把整个的山面支离碎割；有些地方，竟至半山崩缺，只剩得十余丈的危崖，有如曾经鬼斧神工的砍削，峭然耸峙。再登高远望，这些绵亘的红山，仿佛又化作无数的猪脑髓，陈列在满案鲜血的肉砧上面。在那儿，不闻虫声，不见鼠迹，不投栖息的飞鸟；只有凄怆的静寂，永伴着被毁灭了的山灵。"

● 治理水土流失前的河田四周山岭，一片红色，被称为"火焰山"

　　他写道："在山麓紧接着切沟有许多小涧，由无数的小涧，汇合而成三大溪流。稍晴时节，溪床堆满着积沙，不见流水。沿溪两岸，披离的乱草，掩覆着起伏的沙丘。沙丘尽处，在龟裂了无数的小口的田地上，种着枯黄的稻作，低垂了长叶，随风颤动，发出无力的呻吟。一遇大雨，则黄色的急湍，自天边直泻而下，万马疾驰似的怒号奔跃，它们越来越拥挤，越来越猛烈，冲破堤防，冲断桥梁，冲毁庐舍，浩浩荡荡，直冲到绿田深处，化作一片汪洋。"

　　他还写道："总计河田全境，面积约十平方公里，十分之六为丘陵，已全部被毁灭了；耕地面积约六七千亩，六分之二，化作荒地。而祸患深刻的三大溪流，尤不断地推载泥沙，拥入田野。数十年后，溪岸沙丘，将无限制地扩展，河田市镇，恐怕也将随着楼兰而变成了废墟。昔时万株垂柳遍地翠竹的胜地（注：河田昔日名柳村，又称竹子垄），只有在黄沙落日之中，一供行人凭吊了。"[1]

　　为什么会有如此严重的水土流失呢？是因为山地被覆植物的消灭！

1　张木匋：《一年来河田土壤保肥试验工作》，刊于 1942 年 10 月《一年来福建省研究院研究工作概况》，作者时任福建省研究院土壤保肥试验区主任。

其中，既有自然的因素，也有人为的破坏。

首先，从自然的因素看，长汀县多山丘少坪坝，地形地貌复杂。长汀地貌主要有中山、低山、高丘、低丘、河谷盆地等，以低山类型为主，海拔 800 米以上的中山占 21.3%，500~800 米的低山占 51.9%，500 米以下的丘陵占 24.1%，河谷平原占 2.7%。其中山地丘陵面积达 26.96 万公顷，占长汀县土地面积的 87.1%。山地切割深度较大，坡度较陡，沟谷纵横，多为 V 形谷。丘陵分布于山地的边缘和盆谷的周围，高丘多与附近的山地连为一体而较陡；低丘一般顶部和缓，起伏小。这种地貌最显著的特征在于自然坡面在自然力作用下易产生表土流失，坡度越陡，环境就越脆弱，植被一旦被破坏，极易造成水土流失。

其次，县内土壤有红壤、黄壤、紫色土、石灰岩、草甸土、潮土、水稻土等，其中红壤居多，占土地面积的 79.81%。长汀县成土母岩主要有砂岩、泥质岩、酸性岩类等，山地土壤成土母质多为残积坡积物。根据土壤普查资料，长汀县中部地区以侵蚀性红壤为主；西部山区以山地红壤为主，黄红壤次之，黄壤常分布在山顶局部地区；北部山区以黄壤为主；而东部山区垂直分布较明显，沿山脚到山顶，随海拔的上升，级次分布红壤、黄红壤、黄壤；南部地区低山丘陵以红壤为主。土壤类型的多样性，有利于植被多样化，但为土壤管理带来了难度。植被一旦被破坏，极易导致水土流失。

最后，崩岗侵蚀严重。崩岗侵蚀是长汀县水土流失的重要成因，也是长汀不同于其他地区水土流失的重要方面。据统计，长汀县有 3583 个崩岗存在不同程度的侵蚀，占全省崩岗总数的 13.77%，造成崩岗面积 727.91 公顷，主要分布在河田、三洲、濯田、南山、大同等乡镇。大部分崩岗侵蚀都处于活跃期状态，表现为程度强烈的水土流失。崩岗分布较集中的区域侵蚀模数可高达每年每平方公里侵蚀量 1.5 万 ~3 万吨。这造成了山体切割形成支离破碎的沟壑，产生大量的泥沙被迅速带到下游，

● 治理水土流失前的河田崩崖

埋压农田，淤浅河床，威胁村庄安全，其产生的水土流失危害对生态环境影响极其严重。

从人为因素分析，主要有以下几个方面。

其一，战争的破坏。据史料记载，清政府在镇压太平天国的过程中，故意纵火烧山，不让逃进山林里的太平军生存，给生态环境带来不可估量的损失。国民党第五次"围剿"中央苏区，进驻河田，开公路，筑碉堡，大量砍伐林木，又经常纵火烧山，致使山地植被遭到极其严重的破坏，很多山林几乎荡然无存了。

其二，地方性破坏。历代封建宗派因林权而起纠纷，相互抢伐林木资源；乡民愚昧，不知加以保护，为日用所需的燃料，自灌木茅草以至枯枝落叶，均被"扫除"；由于肥料的缺乏，更不惜放火烧山，铲挖草皮；由于饲料难以获得，又纵放牲畜满山啃食。苍翠的山岭，就这样不断地遭受着摧残，逐渐变为光山。

其三，1958年的"大跃进"运动。"大跃进"发起全民炼钢，大肆伐木烧炭，乱砍滥伐，又大刮平调风，导致了林权被打乱，出现了更严重的乱砍滥伐。特别是"文革"期间，全国进入了大动乱时期，长汀亦大乱，毁林歪风大兴，又一次对山林进行大破坏，社会上流传着一句顺口溜："新公革联万万岁，树子有倒板有锯。"新公和革联是当时两个对立的造反组织，因为派系斗争，无政府主义严重，山林无人管理，很多人趁机乱砍滥伐，致使山林遭到大毁灭，许多山被砍得全裸，使水土大量流失。1970~1976年，掀起"向山要粮"开荒造田之风，山地植被再遭破坏。1971年，农业学大寨，毁林造田，南寨梅林、津下坝板栗林无一幸免。据不完全统计，"文革"十年间，河田新增水土流失面积1.3万多公顷，水土保持再遭重挫。

长汀县水土流失区主要集中分布在汀江流域的两岸，包括河田、三洲、策武、濯田、涂坊、南山、新桥和大同等8个乡镇，其水土流失面积占长汀县水土流失总面积的82.25%。

据1985年遥感普查，全县水土流失面积达146.2万亩，占全县国土面积的31.5%。植被破坏，山地泥沙失却掩盖，稍遇风雨冲击，便被冲刷，造成了切沟。山上泥沙由切沟而导入溪涧，溪床因之高出平地。因为严重的水土流失，出现"晴三天闹旱灾，雨三天闹洪灾"的情景，山光、水浊、田瘦、人穷，生态环境极为恶劣。河田是水土流失的重灾区，山头全是光秃秃的。烈日下，山上热浪滚滚，像被烈火烧烤着似的，地表温度竟达到60多摄氏度。有人试验过，将一个鸡蛋放在山上，竟然很快就烤熟了，于是人们叫河田的山为"火焰山"。因为缺水，土地大部分种不上水稻，只能种耐旱的番薯。有些地方即使能种水稻，也只能种一季，又因为地瘦，产量很低，收成的粮食还不够人们半年的口粮。人们只好以番薯等杂粮来填饱肚子。当地流传着一首民谣："长汀哪里苦？河田加策武；河田哪里穷？朱溪罗地丛。"罗地村为什么穷呢？又有一首民谣对它做了很好的诠释："头顶大日头，脚踩砂孤头，三餐番薯头，田瘦人又穷。"村民的日子过得真的很无奈。

祸不单行，水土流失又导致水、旱自然灾害经常发生，对人民生命财产安全构成很大的威胁。据《长汀县志》记载，长汀水害频频发生，延绵不绝。洪水所至，漂房毁田，人畜遭殃。民国期间，县较大水灾5次，平均7年左右一遇。中华人民共和国成立后30年，较大水灾平均三年一遇。

旱灾更多，中华人民共和国成立后30年中发生旱灾14次，平均两年一遇，受旱面积102.1万亩。1963年旱期历时200多天，旱害农田16万多亩，占早稻面积的70%以上。许多地区山塘水库干涸，水源枯竭，泉眼断源，溪河失流，汀江水位降至1.84米，灾区群众饮水困难。虽然采取诸如修水库、筑山塘、建堤坝、引渠道等措施，但都未从根本上解决问题。

在缺水的日子里，村民常常半夜三更起来抢水，发生械斗，打得头破血流，抢的是水，流的却是血。严重的水土流失，使生态环境日趋恶化，不仅影响农业生产，水上航运和渔业生产也受到影响。曾经的家园，已难以安生。在河田男人讨不上老婆，光棍特别多，由于生态环境太恶劣，女人们争着往外嫁，而外面的女子不愿嫁进来，认为嫁到河田就像推向火坑，谁愿意跳火坑呢？不少人选择了逃离，千方百计往外跑，想离开这个穷地方，然而能逃多久，能逃到哪里去呢？更多的祖祖辈辈在这里生长的过来人，根已经深深地扎在这里了，难道子子孙孙都要在贫瘠的土地上度过？出路在哪里？

第三节
艰难探索

人们终于醒悟，改变生态环境才是人类生存的根本出路！

于是许多有志之士大声疾呼：治理水土流失，保护生态环境！长汀开始了一条治理水土流失的艰难探索。1940 年 12 月，福建省研究院在长汀建立中国第一个水土保持研究机构——河田土壤保肥试验区，编制20 多人，试研场地和苗圃 4000 多亩。1944 年改名为"水土保持实验区"。1945 年抗战胜利，研究院随前省府由永安迁回福州，但水土保持实验区仍留在河田。

治理水土流失从哪里入手呢？专家张木匋在《一年来河田土壤保肥试验工作》一文中指出："我们认为最急迫的工作，在于控制流沙，使之不侵入溪流，以减轻民众切肤的痛苦。"于是他们计划把河田分成四大区域，逐年举行防沙工程：第一区：三湖溪；第二区：大溪；第三区：朱溪下游；第四区：朱溪上游。他们先着手进行的是第一区——三湖溪。

三湖溪起源于松林源、李坑垄、牛郎坊、鸟石峒等处丘陵。经过河田镇下街，再汇注于朱溪口，以达汀江。主要溪道，长七八里，溪床堆满着积沙，高出平地，有的地方达丈许。朋瑞公路上往来的汽车，必须爬过突起的堤防，才能越溪而过。该溪溪流曲折，每年均有决口的惨事发生。曾在松林源下决堤二十丈，废良田十数亩，很难修筑。后来当地政府发动民众修补，幸在洪水期前完成。三湖溪虽为河田三大溪流中最小的一个，但后患最大，与河田大多数民众的利益关系密切，所以特择定它作为首次研究的对象。

为把整个三湖溪的沙源完全杜绝，自松林源起至天马山止，萦环起伏将近十里山群，在每一个山面的小切沟中，构筑多个土坝，把流水蓄停，使泥沙渐渐沉淀淤积，减杀水势，削弱它的冲刷力量。乡长李绂唐大力支持，征用民工2500人，筑成土坝4000余座。每一个土坝的后面，都填满泥沙，切沟中又筑造了无数的小平台。在这些平台上面，种植大量的丛生植物，它们既可阻逆流水，它们的枝叶又可滤集泥沙。

在大切沟中，因沟面宽阔，积沙深厚，又筑造了树枝坝400余座。树桩挟着松枝，横断水面，水流速率一经障塞而骤减；经过树枝树叶的清滤，浊水泥沙又均被停积。又用杉条柳树作为木桩，待杉柳成活，便成了一排排的树坝。

在切沟咽喉或水势浩大的地方砌石坝，以提高沟底高度，降低坡度，同时剖面即行加宽，让水流减缓，冲击力量随之削弱，不但流沙可以停滞，而且未经侵蚀的沟岸也可以稳定。全部石坝共建50余座，且同时进行建设。

为了证明防沙工程的效力，实验区的工作人员做了两方面工作。一方面，在含有不同物质及速率各异的水流中，放置各种风化程度不同的花岗岩，以研究水流的侵蚀作用；在各种斜度下，让速率不同的水流，冲刷河田溪流所挟的物质，以观察其搬运状况；再根据上面两项实验的结果推究侵蚀及冲刷现象之形成，并计算其速率。另一方面，在实际上于防沙工程未举行以前及既成之后，测量溪流所携带的物质及数量，并加以比较；把实验室中纯科学的结果，与实际上测量所得的结果，两组对证，便可确定河田荒山每年被洗刷的泥沙之数量，借此测定工程所得到的效果。虽然麻烦，但大家确具信心。

防沙工程主要在于切沟的控制，但平面侵蚀的祸害实更猛烈，所以控制流水更有必要。雨水降落在斜坡的上面，如果降落量超过了即时的蒸发量，在普通情形之下，大部分或全部为土壤所吸着，或深入地层作为地下水而流失，或附着于表层作为植物所需的水量而蒸发。如果降落量更超过了进入土壤的数量，雨水便沿着斜坡而下流，在毫无掩盖的山地，下流的水，流到山坡的下端，水量和速率就会增大，侵蚀的力量也更大，故能减阻下流的水量，就能减轻它的冲刷及挟带泥沙的能力。如果能够使雨水在降落的地方为土壤所吸收，则侵蚀便不会发生了。

雨水的渗透常受土壤组织的影响。沙砾土壤有较大的罅隙，渗透率高。而黏土之类罅隙极小，故渗透率低。雨水的混挟度与渗透率，也有很大的关系。清水比浊水更易于渗透，因后者挟带细微的土粒，在进入土壤的时候，将罅隙堵塞，阻止雨水的下注。同时雨水与地面接触时间的久暂，也极为重要，接触的时间越久，则渗透的水越多。河田山岭侵蚀程度极深，黏重的心土已露出地表，所以雨水的渗透率极小时，黏土土粒遇雨水的敲击和洗刷，即弥散于水中而被挟带走。根据这些原理，在所筑土坝的后方，填满了极细微的黏土。

欲增加雨水渗透，第一要开垦地面以增大土壤罅隙，第二要密植草木以滤清浊水，第三要停积雨水使之与土面接触时间变长。实验区人员在山面上的工作，即根据上述原则进行。他们依水平位置，开辟一条一条的畦地，横贯斜坡，间隔地种植着丛生的草木和深根的植物，让雨水流入疏松的畦地，大部分被吸收；剩余雨水，徐徐下流，力势均已薄弱，当经过丛生的草木，又被阻留和净滤。在层层迎击之下，水量和冲刷的力量，均可减至最低。经过一年的实验，如此处理过的地面，只在天马山五里岗等处，共计40余亩。限于经费，该工程没有大规模地进行。

从 1940 年至 1949 年，"土壤保肥试验区"进行了一些基础研究工作，同时也进行了一些面上治理的探索，主要有如下几个方面。

（1）水土流失探讨。在八十里河上游水土流失区，设立不同坡向、坡位、坡度小区径流试验场 4 亩，每亩场内划分 6 小区，小区内采用不同措施，下设沉淀池和安放自记流量器，把每个小区降雨面积内径流导向自记流量器，再倒入沉淀池。每次雨后观测各小区径流量，每月终清挖沉淀池淤土。烘干称重，推算不同处理措施下的水土流失量，验证不同措施效益。

（2）保土植物筛选。在五里岗开辟保土植物园 10 亩，搜集保土植物乔、灌、草等 30 余种，植于园内，观测其生物学特性，筛选良种，为治理提供依据。

（3）治沟工程效益的研究。在不同侵蚀沟中建筑石谷坊、土谷坊、树桩坝、撩壕、土谷坊群、水平台地、梯田等工程，以观测其拦沙蓄水效益。

可惜，上述试验研究因受当时抗战影响，经济困难，物价猛涨，生活条件恶化，科技人员离走，不少项目未能完成。

中华人民共和国成立后由人民政府接管了水土保持实验区，1949 年12 月，成立"福建省长汀县河田水土保持试验区"，1952 年 3 月，改为"长汀县苗圃"，1962 年 12 月，从中分立"长汀县水土保持站"。党和政府都很重视水土保持工作，重点抓了三件事。

一是在做好民主建政、土地改革的基础上，确定林权，建立林业生产组织，制订护林公约，开展以封山育林和植树造林为主的水土保持工作，派出专人巡山护林，禁止乱砍滥伐。

二是广泛宣传，树立植树造林、保持水土典型。1951 年春，农民廖先贵响应政府号召，组成九户造林禁山组，在八十里河上游观心堂和沿岸营造马尾松 28000 株、油桐 600 株，成活率 90% 以上，首战告捷。不久，河田全乡掀起了一个植树造林、保持水土的高潮。据不完全统计，全乡至 1958 年累计造林 63675 亩，封山育林 17 万多亩，修建水土保持土墙60 座，挖鱼鳞坑 16 万多个。大片山头出现郁郁葱葱的幼林，不少地方招来了飞禽走兽，改变了昔日不闻虫声、不投栖鸟的凄凉景象。

三是大力发动群众，大搞植树造林，保持水土。在廖先贵造林禁山组的带动下，河田全区植树造林高潮迭起，提出"家家造林，人人植树"。从 1952 年起，开展以"自采、自育、自造"为主题的植树运动，自己采集树种，自己培育苗木，自己营造林木，进一步掀起造林的热潮。

遗憾的是，由于"左"的思想影响，1958 年冬，极力推行"大跃进"，大炼钢铁，大办食堂，大刮平调风，林权被打乱，群众又乱砍滥伐。特别是在全民炼钢、砍树烧炭支持炼钢的影响下，不但原有的树木被砍，新营造起来的幼林也被毁坏殆尽，给水土保持工作的连续治理造成很大障碍，新中国成立初期开始起步的水土保持工作陷入低谷。

狂热之后是冷静的思考、反思。1962 年在贯彻国务院恢复水土保持机构的指示中，为加强水土保持工作，县政府组建了水土保持办公室，在河田恢复了水土保持站。省水土保持办公室邀请了福建农学院、林学院、师范大学的师生到长汀来蹲点指导，开展点的试验研究和面上治理水土流失工作。各村成立了专业队伍，培训水土保持人员。

治理工作采用短期突击与长期养护的办法，至 1967 年累计修建石谷坊 18 座、土谷坊 1172 座、土谷坊群 15784 座、水平沟 552 米、山围塘 612 口，开台地、梯田 1600 多亩；1964 年朱溪村各村民小组共开挖一条深 1 米、宽 1.5 米、长 1500 米的排灌圳，把沙荒变良田，单季改双季，免除旱涝灾害 530 亩；汀江沿岸的修坊、上街、中街、南塘、兰坊等村修筑了高 3 米、顶宽 1 米、长 10900 米的防洪大堤，种上了乌桕、苦楝、枫杨、桉树、杉木等防洪林，共 33750 株，免除水涝灾害 6309 亩，改造沙荒地 545 亩。

在生物措施方面，种上了马尾松、木荷、胡枝子、牡荆、小叶赤楠、南岭莞花、鹧鸪草、野古草、狼尾草、菅草、五节芒、鸭嘴草等乔灌草38297亩。此外还试验了温州蜜柑、水蜜桃、梨、金橘、板栗等果树和猪屎豆、苜蓿、紫云英等绿肥，都取得了成功。

然而，一场猛烈的政治风暴刮来了，从1966年5月起，全国进入了大动乱时期，大批判、大辩论、大字报，铺天盖地，河田水土保持站也受到冲击，机构合并，站内工作转移到以经营林苗为重点，水土保持工作基本停顿，林权又被打乱，毁林歪风大兴，乱砍滥伐有过之而无不及，动荡的年代以前治理水土流失的成果遭到破坏，秃山重现，洪水复流，呜呼哀哉！

参考文献

张木匋：《一年来河田土壤保肥试验工作》，见福建省龙岩市政协文史和学习委编《闽西水土保持纪事》，政府内部资料。

李时盘：《河田水土保持工作的回顾》，见福建省龙岩市政协文史和学习委编《闽西水土保持纪事》，政府内部资料。

第二章

春风化雨

| 大美汀州 | 生态家园 |

改革的春风吹到汀江两岸，在长汀县委、县政府的领导下，客家儿女重整旗鼓，又踏上了治理水土流失的征程。1983年，时任福建省委书记的项南，风尘仆仆来到长汀考察水土流失治理，他深入群众，集思广益，提出了水土流失治理的"三字经"，形成了省、市、县八大家通力协作的崭新局面，联合治理水土流失。后继的领导者又传承接力，高度重视，一如既往，大力支持，对长汀水土流失治理给予极大的鼓舞和鞭策。

第一节
敲"三字经"

改革的春风吹来了，千年古城英姿焕发、百业待兴。

1977年冬，长汀县委、县政府下定决心，领导群众开始治理水土流失，组织全县民兵，在河田五里岗安营扎寨，把许多山头推为平地，开垦为茶果场，探索对水土流失治理与开发利用相结合的路子。党的十一届三中全会后，长汀又率先恢复了水土保持工作站，1982年恢复了"文革"期间撤销的水土保持委员会，于是水土保持工作又迎来了新的春天。在河田，建立了八十里河、水东坊、罗地等示范点，进行探索、示范、推广，水土流失治理工作由点到面，从实践上升到理论，有效地增加了山头植被，初步控制、减轻了水土流失。

1983年4月2日，时任福建省委书记的项南，带领专家、科技人员专程来到河田视察水土保持工作，他跋山涉水，走访群众，召开座谈会。他说："河田公社水土流失面积达23万多亩，占该公社总山地面积的55%，其中强度流失区又占一半以上。这个状况与安溪、南安、惠安这些县的水土流失状况相比，长汀算不算'冠军'呀？我看是'冠军'。把这个问题说明了有好处，就可以采取相应的措施，坚决夺取全省治理水土流失的冠军！"

那天，项南书记带领一行人视察，来到朱溪，担任朱溪村10组生产队队长的沈能发正在山上挖马铃薯,见一伙人向他走来,到了跟前,他只认识两个人,一个是公社书记曾昭淦,另一个是县委书记林大穆,其余的不认识。这时,有一个人个子不高,理着光头,却很慈善,问他:"你们队里的山分到户了吗?"沈能发说:"不敢分到户,个人管理不了,山林会受到更大破坏。"

那人看看沈能发,笑道:"可以封山禁林嘛!"沈能发说:"你禁得了吗?"那人反问他:"怎么禁不了呢?"沈能发解释说:"这里的村民需要吃饭,要吃饭就要做饭,要做饭就得有柴火烧,要有柴火,就得上山砍柴割草,你能禁止他们上山砍柴吗?"那人毫不犹豫地回答:"要治理水土流失,当然不许上山砍伐啊!"沈能发有点生气了,反问道:"不许砍柴,难道叫人用自己的脚骨送灶里烧吗?"县委书记林大穆见沈能发说话粗俗,连忙对他说:"你知道跟你说话的人是谁吗?他是省委书记项南同志啊!"

沈能发没想到这么朴素的一个人竟会是省委书记,暗自后悔自己失礼。然而,项南却很和气地说:"不烧柴,改烧煤吧!"沈能发心里嘀咕,烧煤谈何容易!这里的人穷,哪里来的钱买煤呢?他摇摇头说:"烧煤好是好,就怕村民没钱买煤,还是会偷着上山砍柴呢!"项南却很爽快地说:"村民买煤的钱由省里付给,对你们村民一律免费供应,可以吗?"沈能发眼睛一亮,将信将疑地问道:"这是真的吗?"

这一天,项南走了好多地方,调查,访问,一路琢磨、沉思着,一段治理水土流失的三字经在心里酝酿成熟。他对长汀的同志们说:"长汀的水土流失如此严重,不能怪县委,也不能怪地委,主要责任在省委和省政府,因为我们对这个问题的严重性没有足够的认识,也没有认真地去抓。"

他又说:"今天下午,我们到河田实地一看,我心里感到踏实多了。因为我们找到了治理水土流失的好办法、好树种。这就是搞工程,高密度栽植金合欢，你们叫黑荆的，还有四川的桤木、紫穗槐、刺槐、太平花竹、杨梅、泡桐等。怎样才能在短期内制止水土流失，尽快地披上植被？恐怕最根本的是要搞责任制。"

项南指示："农业要搞责任制，林业要搞责任制，治理水土流失同样要搞责任制，唯有责任制可以挽救山林，可以保持水土。这一点，我今天上午、下午看到的地方，你们长汀恰恰是不够落实的，甚至可以说仍然是吃'大锅饭'的，最多也只是把'大锅饭'改为'小锅饭'。所以，长汀的当务之急，必须把宜林荒山、稀疏林地赶快包下去，把责任山和自留山落实好。

"搞责任制就是'包'。我想两方面都要'包'：一是社队治理水土流失，造林绿化要包给农民；二是省、地、县有关部门也要包。河田公社 26 个大队，有流失的 24 个大队，请省林业厅、水保办、水利厅、福建林学院、林科所、农业厅、龙岩地区行署、长汀县政府共 8 家，平均每家包 3 个大队；长汀县把这 24 个大队的地图画出来，画成 8 块，一家包一块。各家包，实行三年一定负责制，各家可以从各自的角度摸索、总结经验，汇总起来，这个经验就全面了，不但对整个龙岩地区有指导作用，也可以在全省推广。这件事请温秀山同志尽快集合省里 6 家开个会，把任务、人头落实好，限期派人到河田来包，到了河田，由龙岩地委的林开钦或沈茂槐同志主持开个会，把任务落实下去。我的意见，三年完成复被，山上要看不到红颜色，只看到绿颜色，办法是综合治理。"

项南指示，综合治理的前提是责任制，生物措施和工程措施相结合，以生物措施为主，工程措施为辅，其他措施相应跟上去。办法可以考虑以下几条，或者叫水土保持"三字经"。

第一句话，叫责任制。这就是包到户，明确地规定哪一片、哪一块包给谁，由谁负责，承包户可以以短养长、长短结合，谁包谁受益。

第二句话，叫搞工程。搞工程，挖鱼鳞坑，要高标准。从实地来看，凡是工程搞得好的，树就长得快、长得好。

第三句话，叫一座山，一口塘。平时积水，旱时灌溉。

第四句话，叫高密度，多种树。树要栽得密密的，这棵不活那棵活，复被就有保证了；树种不能单搞马尾松，黑荆（金合欢）、桤木、紫穗槐、刺槐都很好。地委、县委要赶快派人到南靖调种，不仅长汀这样做，全区都可以这样做。

第五句话，叫严封山。山要封死，又要给群众找到解决"烧"的问题的途径，任何人不得进山乱砍滥伐，也不准去刮地皮。

第六句话，叫办沼气。沼气还要改进，地委、县委要下本钱办好这件事。

第七句话，叫太阳灶。一年有半年时间可以利用太阳能烧饭、烧水。

第八句话，叫开煤店。国营、集体、个人一起上。煤价允许浮动。

第九句话，叫节柴灶。要普遍推广。

第十句话，叫生干料。养猪用生干料比熟料好，大量的维生素不会被破坏，营养价值更高。

他特别强调解决以下三个问题。

第一个是澳大利亚的金合欢，它一年可以长一米高，第二年长到二米到三米，就可以间伐，第三年就可以长到两人高了。金合欢是豆科植物，它的根瘤菌一年固定的氮素，一亩地就相当于350斤硫酸铵的含氮量。金合欢叶含蛋白质很高，达到34%~38%，用它喂牛，在国外一天可以让牛长肉一公斤。金合欢树纹理细，又是一种好的家具木材，还是很好的薪炭林。年降雨量1000毫米以上、海拔500米以下的地区，金合欢都能很好地生长。

第二个是解决沼气池不漏气的问题。现在福州已经试产。一种质硬、密封、密闭的红泥塑胶，比水泥池密封好、造价低，建议当地派人到省沼气办联系。

第三个是解决群众"烧"的问题。严封山以后,"烧"的问题要综合解决:一是推广太阳灶;二是推广沼气;三是用电烧饭;四是烧煤;五是推广节柴灶。煤怎么解决呢?省林业汽车队运出去木材后,要从连城运回煤炭,不能跑空趟;允许连城人到河田开煤店,价格浮动;长汀、连城还可以联合开煤矿,在河田卖煤的利润,大部分还给连城,河田只收一点手续费。

项南进一步提出:大的治理方针、方向和措施定下来以后,还有一些具体事情要抓好。

第一,长汀县宣传、文化部门要广泛开展生动活泼的宣传活动,用水土流失危害性和治理水土流失的具体典型事例,向群众作算账对比。让家家户户都懂得保持水土的重大意义,使群众自觉保持水土。中小学的教师也要向学生宣传。

第二,除了防治水土流失以外,"四旁"(公路、溪河、村子、房子旁)植树要抓好,办法同样是责任制:哪条路,哪个村,哪条溪流,哪座房屋旁种什么树,要定人,定时,包种,包活。特别是沿江两岸,要迅速种上竹柳。

第三,农村盖房子要规划好,这不只是住房问题,同防治水土流失也有很大关系。这里的山坡地特别多,只要修小公路,通上简易自来水,解决吃水、用水问题,社员的房屋就会慢慢地往山坡上盖。最后把旧房拆掉,把耕地腾出来。在有水土流失的地方,盖房要同时注意防治水土流失,不能因为盖房造成新的水土冲刷。今后凡未经批准,自己乱占地盖房的,一律拆掉。

项南开创性地提出了《水土保持三字经》:

责任制,最重要;严封山,要做到。多树种,密植好;薪炭林,乔灌草。

防为主,治抓早;讲法治,不可少。搞工程,讲实效;小水电,建设好。

办沼气,电饭煲;省柴灶,推广好。穷变富,水土保;三字经,永记牢。

项南给大家指明了一条治理水土流失的新路,《水土保持三字经》总共 72 个字,朗朗上口,言简意赅,通俗易懂,既表达了他对治理、修复山水的紧迫感和责任心,也讲明了治理的思路、方法,体现了他的务实精神和科学态度,犹如一场春风化雨,让长汀的父老乡亲看到希望,眼前幻化出一片绿意。

项南来到河田,视察水土保持工作,拉开了长汀县大规模治理水土流失的序幕。从此,长汀县水土治理成为福建省水土保持工作的重点和试点,受到省委、省政府的高度重视和积极支持,并被纳入县委、县政府工作的重要议程。

第二节
通力协作

《水土保持三字经》指明了水土保持的方针、政策和措施，强调"最根本的要搞责任制"，提出三至五年由"红"变"绿"的治理目标。

项南在省、地、县、公社领导和科技人员参加的座谈会上强调说，治理水土流失，最根本是要搞责任制，搞了责任制，就等于牵了牛鼻子。他又说，柴、米、油、盐、酱、醋、茶，百姓开门7件事，首当其冲是一个"柴"字。群众烧柴问题不解决，水土流失治理永远是一句空话。项南决定由省里对河田的7000户烧柴户给予煤炭补贴和造林种果补贴，使长汀群众从中受益。从此，河田极强度水土流失区的综合治理，成为福建省水土保持工作的重点，受到省委、省政府的高度重视。

遵照项南同志的指示精神，由省农业厅、林业厅、水利厅、水保办、林科所、福建林学院、龙岩地区行署和长汀县政府等八大家同心协力，密切配合，实行责任制，每家承包3个大队，一定3年，支援河田治理水土流失。1983年5月，省政府下达了《关于同意长汀县河田公社为全省治理水土流失试点几个问题的批复》文件，决定从1983年起，5年内由龙岩地区每年安排1万吨煤供应河田作为群众生活燃料；由省林业厅每年拨出育林基金20万元，用于培育苗木和造林补贴；由省水保办每年拨出30万元作为煤炭供应补贴。

将长汀作为福建省水土保持工作的重点和试点地区,"八大家"在政治、财政、技术等方面给予支持,为该县水土治理打造了一个高水平的平台和基础,开始了集中力量治理以河田镇为中心的长汀县水土流失区的"战役"。

第一,长汀县水土治理超越了长汀县水土保持部门、林业部门管理的局限,从部门抓变为县政府抓,地方治理变为省地共同治理。省政府组织了省林业厅、水利厅、农业厅、水保办、福建林学院、林科所、龙岩地区行署、长汀县政府等八大家接受了承包、支持、检查、督促治理河田治理区的任务,帮助河田解决在水土治理中碰到的政策、资金、技术问题。八大家的支持,实际上让长汀县可以有稳定的政治资源支持,能够一心一意搞治理。

第二,八大单位建立起长汀县水土治理的重要财政渠道,为长汀县积极争取上级政策、项目、资金和技术、市场支持提供了稳定的合作框架和机制。省政府1984~1991年每年拨给长汀县1万吨煤炭指标、30万元的煤贴,划拨树苗款20万元,让长汀县拥有了第一笔独立于县政府、专门用于水土治理的资金。不仅如此,1983~1987年,八大家支持河田镇的经费共计75.195万元,其中无息贷款13.2万元,优质化肥十多吨,种苗几十万株(不包括省林业厅、省水保办的固定补助经费)。

第三,项南与地方干部群众一起总结的《水土保持三字经》构成了长汀县水土治理的技术基础和指南。八大家还为长汀县水土治理送来了紧缺的治理技术,共计100多人次科技人员到镇、村协助制订水土流失的规划和措施,这为大规模水土治理提供了技术保障。

八大家通力协作,像春风化雨,解决了河田严重水土流失区群众生活的实际困难,使治理河田水土流失出现了前所未有的大好局面。

有了项南同志的大力支持,长汀县委、县政府对治理水土流失更有信心了,甩开膀子,真抓实干,把水土保持工作列入重要议事日程,县委书记、县长亲自抓,分管领导具体抓,定期召开专题会议听取汇报,审议治理规划和实施计划，制订水土保持年度目标，安排一定的配套治理经费，切实把水土保持工作列入全县国民经济和社会发展计划之中，建立乡镇领导水土保持目标管理责任制，并且采取以下具体措施。

1. 健全职能机构，加强领导

长汀率先于全省成立县水土保持局，编制由原来的3人扩至10人。县水土保持站由8人扩至10人。河田镇、三洲乡也分别建立水土保持工作站，聘请农民技术员9人，各村配有不脱产的水土保持护林员，形成了县、乡、村三级水土保持网络，保证了工作的正常开展。县人大常委会和县政协也关心重视水保工作，每年都组织代表、委员视察，从法律监督和民主监督方面，加强对治理水土流失工作的帮助和指导。

2. 制定乡规民约，加大宣传力度

长汀紧紧抓住宣传、执法这两个环节，坚持预防为主的方针，积极开展各项工作。县法制、宣传、水保等部门密切配合，利用会议、报刊、广播、录像、影视、幻灯、墙报、专栏、标语、宣传车等多种形式和媒体，广泛开展水土保持宣传活动，宣教覆盖面达80%以上。结合本县实际，先后下发了《关于进一步加强水土保持预防监督工作的通知》《关于划定水土流失重点防治区的公告》《关于加强保护水土资源的通告》等5个配套文件。各乡、镇也制订了水土保持乡规民约分发到户，大大提高了全民的水保意识和法制观念。

3. 封山育林，实行农村节能改燃改灶

长汀开始农村节能改燃改灶，对中度、极强度水土流失区1万多农户一律改为烧煤，对轻度流失区4000多农户一律改为新式节柴灶；对土陶窑、砖瓦窑、烤烟房等，一律改烧柴为烧煤；对机关、学校、商店、企事业等单位禁烧柴片，一律推广烧煤、烧液化气；在有条件的地方推广沼气、太阳能、电饭煲等能源改革；同时，在水土流失区一律实行全封山，无明显水土流失区实行半封山，严禁乱砍滥伐和打枝割草，并营

造薪炭林 1.5 万亩，平均每户 1 亩，把保护与治理结合起来，使治理水土流失逐步走上良性循环轨道。此外，对 6 个采石场和 17 个稀土矿点及砖瓦、土陶、修路、建房等做到立项审批，保持水土与生产建设同步进行，跟踪管理，防止人为造成新的水土流失。

4. 落实承包，调动群众积极性

长汀开展林业"三定"复查补课工作，为确定山林权、划定自留山、制定林业生产责任制创造了良好的条件。贯彻执行国务院关于农田基本建设义务投工政策，在每年每个劳动力承担的义务工日中，划出 10 个工作日投入治理水土流失，把群众投工与国家扶持结合起来。

积极贯彻"谁治理，谁管护，谁受益"和"长期经营，允许继承和转让"的政策，对治理好的予以奖励。具体推行以下四种形式：一是分户承包治理开发，收益大部分归农户所有，小部分上交村集体；二是联户承包治理开发，收益大部分归农户，按农户投工分成，小部分上交村集体；三是租赁山场使用权治理开发，按合同上交租金外，收益归治理开发者；四是拍卖荒山使用权，按协议要求治理开发，由购买荒山者自行经营，收益归治理开发者，经营期 50 年，在经营期内允许转让。

对于农民的自留山，按统一规划、连片治理的要求，督促农户限期治理，在限期内不治理的，集体收回转让给其他农户治理开发。出资购买、租赁未治理的流域荒山，本村村民有优先购买权，同时也鼓励机关、企事业单位和外地的能人志士购买、租赁、治理开发办实业，经营形式可以独资、合资或股份合作等。对水土流失山地治理开发的梯田、台地产粮不订购、不提留，10 年内不交农业税，种果投产 5 年内免征农业特产税。

在中强度水土流失地搞植被建设或开发种果的，县、乡政府和有关部门给予种苗和肥料的补助。对边远的强度水土流失区以封禁为主，规划要造林补植的，由政府出资、群众投劳，进行逐年治理，收益由政府、群众按投资比例分成。与省、地、县八大家相对应，组织县农业、林业、水利、水保、粮食、烟草、供销社等部门挂钩河田镇和三洲乡，扶持和参与治理开发，为脱贫致富奔小康出力。

5. 依靠科技，典型示范，带动面上治理

1983年5月，在龙岩地区水土保持办公室的直接指导下，县水土保持办公室组织普查专业队，对河田354.78平方千米土地的水土流失状况进行了详查，查明了全镇水土流失的面积、程度、分布、成因等情况，写出了详细的普查报告，绘制了1:2.5万的水土流失现状图，搜集了大量的基础性资料，为制订水土流失规划提供了科学依据。

在普查的基础上，对水土流失治理进行了全面的规划。治理规划以

● 长汀水土流失普查

小流域为单元、流失点为对象。具体做法如下。一是从恢复大地植被入手，以建立高效能的森林资源生态系统为目标，尽可能提高水土保持林、水源涵养林的比例。二是从解决好当前群众生产、生活中的实际问题入手，治理与开发利用结合起来，宜农则农，宜林则林，宜牧则牧，合理安排

农、林、牧各业比例。在林业用地中，适当安排经济林和薪炭林的比例，以满足群众近期的生产、生活需要，切实做到近期利益与长远利益相结合、局部利益与全局利益相结合。三是因地制宜，适地适树，多选择耐旱、耐瘠和速生快长又具有多种用途的林草品种，采取多树种、多层次，草、灌、乔一起上，加速地面覆盖。工程措施贯彻因山就势、适地适法、讲求实效的原则，做到山、水、田、林、路综合治理。四是在布局上遵循集中治理、连续治理、综合治理的原则，先治理公路沿线、江河两岸、村庄周围的第一重山，后治理边远山地。

为了配合治理工作，县水土保持委员会组织县、乡水土保持站共同进行了以下各项试验并建立了样板区：老头松下混种豆科类；营造黑荆、南岭黄檀经济林，提高治理经济效益；播种牧草，快速覆盖，以草促树；种果、茶进行开发性治理，以松土、施肥为主，结合补植阔叶树，改造老头松；实施与植被措施相配套的坡面工程和沟谷工程；通过全面推行封禁和治理，取得了明显成效，为大面积推广提供了依据。

为了带动群众治理，消除群众疑虑，增强治理信心，先后在八十里河流域建立了多树种、高密度、乔灌混交、快速覆盖的示范点；在水东坊建立了以黑荆、杨梅、板栗等经济林为主的示范点；在罗地建立了老头松下播种牧草、快速覆盖、以草促树的示范点；在赤岭建立了多层次、立体式的造林种果、治理与开发相结合的示范点；在县办茶果场建立了以种植果茶为主的开发性治理示范点。以点带面，推动水土治理。

为了加速荒山秃岭的治理开发，多方筹资，增加投入，把国家的扶持、上级的援助，作为推动治理水土流失、发展山区经济的巨大动力；同时鼓励农户投劳投资开发山地、种植茶果。根溪村种植金橘3015亩，平均每个劳动力3亩，成为本县新的柑橘之村；蔡坊村种植芦柑等果树3105亩，平均每个劳动力2亩多，成为远销省内外的芦柑基地；发动县直单位投资开发，如县林业部门拿出55万元租赁河田镇露湖村荒地1000亩，开发种植板栗；烟草公司投资 26 万元，与种果大户赖木生合作，在河田镇松林村租赁荒山种植板栗 500 亩；县水保局租赁罗地村荒山 600 亩，投资 50 多万元，种板栗、油柰、养猪、养鱼，建立水保农业生态示范场。

几年来，县里主要在提供山场、规划设计、科技咨询服务等方面制定多项优惠政策，千方百计引导县外资金共同投入水土流失区的治理开发。如河田千亩茶果场，原制茶设备落后，资金困难。1995 年，由台湾原台北长汀同乡会会员、现汀州农产开发有限公司董事长陈慕清，承包河田茶果场 350 亩茶园，并办厂加工制茶，承包期 30 年，实行种植、加工、销售一条龙。第一期投资 60 万美元，购进新的制茶机，引进台茶 10 号良种，还投资 10 万元进行厂房维修和新产品开发。

项南第二次来河田视察是 1986 年 5 月 11 日。他察看了罗地人工果场、八十里河小流域示范治理、水东坊水土保持试验场、风流岭稀土示范生产矿等示范点后，欣然题词："八十里河今胜昔，风流岭上土变金。"他还在会上鼓劲说："河田治理水土流失大有希望。这件事做好了，不仅对长汀发展经济，发展农业、林业、牧业有重要意义，对全省、全国甚至对世界都有意义，因为现在地球上水土流失一天天严重，而且还没有找到很好的解决办法，所以说这是世界性的问题。"

项南后来任中央顾问委员、中国扶贫基金会会长时，还带着江苏、上海的一批专家学者，专程前来河田考察水土保持工作。当他看到长汀 107 万亩（当时目测的数据）水土流失区已经治理了 35 万亩，占流失总面积近 1/3 时，高兴地说："这是件很了不起的事情，我看对我们整个省、整个国家，乃至于整个世界都有极其伟大的意义。这 35 万亩，在世界地图上连针尖的位置都不到，但是毛主席说过，星星之火，可以燎原，任何事情都是从一点一滴搞起的。"

项南指示长汀水土治理不能停留在现有水平上，从数量到质量都应该更上一个新台阶。怎么上呢？他又编了一个《四字经》："马不停蹄，长短结合；自力更生，劳力结合；食草动物，紧紧抓住；自我发展，良性循环；争取外援，工贸结合。"还逐条作了生动具体的说明，希望提高认识，加强水保工作。他说，水保工作绝不是部门工作，而是党和政府的工作，全社会的工作，关系到子孙后代的大事情，大家都要考虑、都要出力。

1994年9月26日，项南第四次到河田视察，在听取汇报，总结治理河田水土流失经验的基础上，又提出了要加快治理步伐，提高治理质量，改进治理方法，注重综合效益，要求把河田建设成水保农业综合开发区。他又挥毫题词："一百多年来，河田镇周围水土流失日甚一日，不长草木的面积达一百零七万亩，经过十年整治，近半变作绿洲，今后七年全部治理好，进一步把治理与开发相结合，治理与经济效益相挂钩，在荒地上搞好水土农业综合开发，使河田由穷变富，是一项有深远意义的巨大工程。"

项南还指示，在搞综合开发中发展水土保持经济实体，在让河田人民富起来这个前提下，要着力解决两个问题：一是怎样以自己的力量来发展水土保持事业，而不是年年都靠国家；二是不单解决水土保持的问题，还要考虑河田的40万亩土地怎么开发，使河田由穷变富。

项南一次次到长汀考察，目光早越过了水土保持，把治理与开发相结合，生态效益与经济效益挂钩。在政策上大力支持，在舆论上加大宣传，才有了新时期长汀水土保持的新成就。

第三节
接力传承

项南书记调离福建，任中国扶贫基金会会长。接任的省委领导传承了项南的工作作风，依然把生态建设当作头等大事抓紧抓好，长汀的水土流失治理工作依然有序进行。

1985年11月24日，贾庆林来了，在龙岩地委书记林开钦的陪同下，贾庆林视察了河田罗地水土保持种草示范山和水东坊水土保持试验场。这是项南老书记亲自确定的项目，由林业专家推荐适应河田土质的黑荆树种被进行试验种植。不到三年时间，罗地人工种植的草地，长势旺盛茂密，取得了很好的效果，能够有效地防止新的水土流失。水东坊种植的大片黑荆树林也长到三米多高，树干已有碗口粗。在初冬暖风吹拂下，茂密的黑荆树林迎风摇曳，好像在向人们招手致意。

贾庆林十分高兴，大为赞赏，对河田的水土流失治理工作给予充分肯定，热情洋溢地表扬了长汀党政干部和广大人民群众。他说："这次看了河田水土保持点，我很兴奋。这是一个创举，是一项伟大事业。长汀县委、县政府领导人民进行了改天换地的斗争，在短短的几年内走出了一条综合治理水土流失比较成功的路子，取得了生物措施与工程措施相结合，草、灌、乔一起上的一套成功的经验，把千沟万壑的'火焰山'改变成绿草如茵的山冈，这是造福子孙后代的业绩。希望你们把这些经验推广开来，

把这项伟大的实践坚持下去，使长汀的山河得到彻底治理，焕发出青春的活力。"

贾庆林表示，要继续执行项南老书记主政福建时对长汀水土流失治理所采取的一系列优惠政策，促进治理水土流失再上一个新的台阶。

1988年1月，曾担任全国政协副主席的杨成武将军回到故乡，视察了长汀的水土流失治理。他已经74岁高龄了，在寒冷的北风吹拂下，上山坡，过土坎，爬上露湖村的山头，又登上三洲的风流岭，仔细察看经过治理的每一处山岭。当他看到郁郁葱葱的青草幼林，听到林中的鸟儿鸣叫，喜不自禁，他感叹地说，"小时候，我去汀州城里上学，路过三洲、河田，看到的都是荒山秃岭，没有树木，连草也不长，满目黄沙。如今变化多大呀！"

家乡人民成功地治理了这片水土流失区，让老将军感到无比欣慰。长汀县随行人员向他详细地介绍了由福建省委书记项南亲自修改定稿的《水土保持三字经》，他认真仔细地阅读后连声称赞："很通俗，容易记，写得好。"

杨老将军听取了长汀县委领导关于河田水土流失治理工作的汇报，赞许地说："河田的水土流失治理，取得如此令人瞩目的成绩，项南同志真是带了一个好头，他辛苦了！"

杨老将军一直对家乡非常关注。此时此刻面对家乡的巨大变化，意犹未尽，他说："对河田严重的水土流失问题，国民党政府无法解决，解放后很长一段时间也没有解决。但是党的十一届三中全会后，这个前人没有解决的问题已经找到办法解决，而且见成效了。"

长汀有关领导向将军汇报说，长汀还有数十万亩的水土流失区域等待治理，治理水土流失还面临十分艰巨的任务。将军语重心长地说："任重道远呀，千万松懈不得！工作虽然取得了显著成效，但'创业难，守业更难'，我衷心祝愿你们进一步搞好水土流失治理，让家乡成为花果之乡、富裕之乡！"

杨成武将军情系故里，关注水保的赤子情怀，深深地感动着长汀广大干部和群众，激励着家乡人们为夺取治理水土流失的最后胜利而努力奋斗！

1988 年 9 月 5 日，贾庆林第二次来到长汀，在福建省扶贫办公室副主任曹德淦和龙岩地委书记郑霖的陪同下，视察河田。当他看到长汀的水土流失治理又有新的增长，非常欣喜。他动情地说："看了你们治理水土流失所取得的成效，太感动人了，你们确实干出了改天换地的业绩！你们用事实证明人类能改造自然，也能驾驭自然，你们走的路子，创造了一个草、灌、乔结合，工程措施与生物措施结合的路子，摸索了一套行之有效的办法。"他又鼓励说，"要继续努力，一鼓作气，不把河田水土流失治理好绝不罢休。通过治理好河田水土流失，建树一个丰碑，共产党的丰碑！"

1992 年 6 月 12 日，长汀隆重举行福建省苏维埃政府成立六十周年纪念大会。贾庆林再次来到长汀，纪念大会期间，他不忘长汀水土流失治理工作，专门听取了县领导关于水土保持的汇报。为了进一步推动长汀水保事业的发展，加快水土流失治理步伐，他认为，除了河田、三洲之外，长汀其他水土流失区域也必须同时开展治理工作。于是省政府又决定将煤炭补贴政策扩大到长汀的新桥、策武、南山、涂坊、濯田和宣成乡的福跃。也就是说，长汀所有水土流失区域都推行烧煤，禁止群众上山砍柴斫草。省财政煤炭补贴专款从每年 30 万元增加到 80 万元。

这一有力措施进一步推动了长汀水土保持工作。长汀人民受到极大的鼓舞，大面积地治理水土流失拉开了序幕。这是在项南调离福建之后，长汀水土流失治理工作实现的又一次飞跃。

1996 年 10 月 18 日，闽西隆重举行红军长征胜利六十周年纪念活动。贾庆林又来了，他虽然忙，日理万机，但他最惦念的还是长汀治理水土流失问题，会后他又前往视察，连续察看了好几处水土保持治理点，当他了解到省政府的煤炭补贴对长汀水土保持起到了极大促进作用时，他对在场的省、地、县领导说："煤炭供应补贴政策要延续下去。我想，这项优惠政策到将来都有效。"

铁打的营盘流水的兵，福建省委书记一任接一任，但每任省委领导都能接力传承，胡平、陈光毅、王兆国、陈明义、贺国强、宋德福、习近平、卢展工、黄小晶、孙春兰、尤权……他们都亲临长汀对水土保持工作进行具体指导，并在项目、资金、政策、机构等各方面给予及时帮助和极大支持，有力地推动了长汀水土流失的治理。

龙岩市委、市政府，长汀县委、县政府按照省委、省政府的方针政策把水土保持作为长汀县可持续发展的战略内容，放在全县 50 万人民安居乐业的现实要求上去谋划，发动全县干群上下一致，通过理念创新、技术创新、机制创新和管理创新，展开一届接一届的攻坚之战。

参考文献

《中央、省、市领导关于长汀水土流失治理工作的批示、讲话》，见福建省龙岩市政协文史与学习委编《闽西水土保持纪事》，政府内部资料。

邓永梅：《鼎力支持促水保，汀江两岸树丰碑》，见福建省龙岩市政协文史与学习委编《闽西水土保持纪事》，政府内部资料。

陈伟斌：《情系故乡山水》，见福建省龙岩市政协文史与学习委编《闽西水土保持纪事》，政府内部资料。

第三章

情满青山

| 大美汀州 | 生态家园 |

如果说项南领导长汀水土流失治理，进入到振兴时期，那么习近平的传承接力，就使长汀水土流失治理迈向辉煌时期。1999 年，时任福建省代省长的习近平情系老区，亲自来到长汀视察水土流失治理情况，把长汀水土流失治理定为"福建为民办实事项目"。2000 年春天，习近平又身先士卒，捐种纪念树，后来又多次为长汀水土流失治理做重要批示，极大地鼓舞了长汀人民。长汀的山山水水，充满着习近平的亲切关怀。

第一节
新里程碑

1997 年 11 月 10 日，项南同志在北京逝世。

噩耗传来，汀江呜咽，群山默哀，长汀人民无限悲痛，河田的父老乡亲无限悲痛，大家都深深地怀念项南同志对长汀水土流失治理的丰功伟绩……

为了表达对项南同志永远的缅怀，人们建了项公亭和项公园。项公园里，项南的半身石雕像矗立在万绿丛中，雕像下面镌刻着项南生前的手笔：不要人夸颜色好，只留清气满乾坤。

两年后，长汀人民又迎来了治理水土流失的第二个里程碑。

1999 年 11 月 27 日，天气晴朗，万物欢欣。时令虽已进入冬天，却有浓浓的春意。上午 11 时许，一辆淡黄色中巴驶向河田露湖村，车子刚停稳，一位身材魁伟、神采奕奕的首长迈着矫健的步伐，走向"项公亭"，他就是时任福建省委副书记、代省长的习近平。他在龙岩视察省重点工程棉花滩电站、梅坎铁路间隙，专程来长汀考察水土保持工作。

习近平同志在项公亭前久久伫立，看到亭子四周板栗成林，近处治理后的山头树木临冬不凋，还绿意盎然，脸上露出欣慰的笑容，为长汀干群多年来治理水土流失的成绩表示赞许，但是当他看到远处连绵起伏，依旧红土裸露的山头时，神情却变得十分凝重。在一旁陪同的县委书记饶作勋汇报说："全县水土流失面积 146 万亩，虽然经过 10 多年努力，治理了 20 多万亩，但长汀是经济欠发达县，仅靠自身的力量难以完成这项任务，希望能得到省里支持，加快长汀水土流失区域的综合治理进程。"

习近平听后，语重心长地说：长汀水土流失治理在项南老书记的关怀下，取得很大成就，但革命尚未成功，同志仍需努力，要锲而不舍，统筹规划，用 10 到 15 年时间，争取国家、省、市支持，完成国土整治，造福百姓。

听着习近平高瞻远瞩的指示和殷切期待，饶作勋大胆地提出："能否将长汀百万亩水土流失治理，列入省政府为民办实事项目？"习近平当即表示：建议很好！并要求县里尽快起草一份详细材料，报送省政府。

2000 年 1 月 8 日，饶作勋带着请示材料来到省政府，还没见着习省长，却被一位同志泼了一瓢凉水："这件事估计很难，因为省为民办实事项目，还从来没安排到县一级的先例。"

饶作勋想，既然来了就试着办吧，他直接找到省长办公室。习近平见了他，就对等待汇报工作的其他同志说："对不起，基层优先。"习近平认真审阅了饶作勋带来的材料，当即在《长汀县百万亩水土流失治理报告》上批示："搞好水土保持是可持续发展战略的一项重要内容，应引起我们的高度重视。项南同志在福建工作时，就十分重视抓长汀县的水土流失综合治理，我们应继续做好这项工作……同意将长汀县百万亩水土流失综合治理列入省政府为民办实事项目。为加大对老区建设的扶持力度，可以考虑今明两年由省政府拨出专款用于治理长汀县水土流失。"

看到习省长的批示，饶作勋这才吃了定心丸。

一个月后，福建省分别召开省政府专题会议、省长办公会议、省委常委扩大会议，确定了长汀县水土流失综合治理为全省为民办实事项目之一，每年由省级有关部门扶持 1000 万元资金。

习近平同志一直挂念着这块曾经洒满了革命先烈鲜血的红土地的水土保持工作，2000 年得知长汀建设"河田世纪生态园"，他认为很有意义，并且于 5 月 29 日专门托人送来 1000 元，捐种一株纪念树，至今，这 1000 元的收款收据还保留在长汀县林业局。习近平同志以实际行动在广大干部和群众中树立了榜样！这是无声的号召，其他干部和群众团体也纷纷前来捐资种树，不久，在习近平同志捐种的纪念树后面形成了一片林，郁郁葱葱。

2001 年 10 月 13 日上午，天气很好，阳光灿烂，长汀县河田镇露湖村的"世纪生态园"再次迎来了习近平同志。他走近由自己捐种的编号为"A — 32 — 01"的樟树，细心地为其培土、浇水。漫步在世纪生态园里，习近平看到第一批种下的树苗壮成长，特别是挂在树上的标识牌非常引人注目：有杨成武、姚远方、熊兆仁等一批老将军捐种的，也有省、市、县领导捐种的，更多的是那些没有留下头衔的海外游子、退休老人、新婚夫妇亲手栽种的；思乡林、青年林、希望林、荣誉林等 15 个林区，已经初具规模，一片深深浅浅的绿，荒山披上了绿装。习近平很高兴，眉开眼笑。

前来陪同的长汀县水保局局长钟炳林，递给习近平同志一株从山头拔起来的野草，说："这种草在本地叫作鹧鸪草，专门长在贫瘠的地方。"端详着小草，习近平同志爽朗地笑了："让我们共同努力，艰苦奋斗，把长汀的水土流失治理好，就让这种草'只把春来报吧！'"同志们听懂了这意味深长的话，大家都笑了，也更有了信心。

当习近平仔细听取了长汀县领导的汇报后，知道全县已经有 15 万亩水土流失区得到了有效治理，初步探索出了一条南方治理水土流失的新路子。他既为长汀县干部群众几十年来治理水土流失的坚忍不拔的意志深深感动；同时对存在的实际困难和问题感到十分忧虑。他鼓励大家说："水土保持是生态省建设的一项重要内容，对水土流失特别严重的地方要重点治理，以点带面。长汀水土流失治理要锲而不舍地抓下去，认真总结经验，对全省水土保持工作起到典型示范作用。"

习近平同志还为长汀亲笔题词："治理水土流失，建设生态农业！"

这是新一轮长征的集结号！这是福建省委、省政府领导对长汀水土流失治理的又一次全民总动员。长汀人民把习近平同志对长汀"治理水土流失，建设生态农业"的殷切期望，镌刻在世纪生态园的一块大石头上，作为勉励，更作为永久的鞭策。

10月19日，习近平在龙岩市人民政府《关于请求将长汀县水土流失综合治理列入省生态环境建设长期规划并继续给予专项治理资金扶持的请示》上批示："再干8年，解决长汀水土流失问题；应纳入国民经济规划，请省计委安排；长汀河田是重点，还要统筹全省其他地方，但要突出重点。"此外，他还就具体资金安排提出意见。习近平同志的批示再次指明了长汀水土治理方向、目标和任务，激发着政府相关部门和老区人民奋发有为。

习近平同志对长汀水土流失治理工作非常关心和支持，也倾注心血，在繁忙的公务中始终没有忘记长汀这块红土地。在习近平同志的亲切关怀下，从2000年至2009年，省委、省政府持续十年将"长汀县水土流失综合治理"列入全省"为民办实事项目"之一，长汀水土流失治理工作如沐春风，迈入了一个划时代的崭新阶段。

第二节
杨梅情结

长汀县委、县府召开了声势浩大的治理水土流失誓师大会，在河田镇露湖村兴建了面积达 1818 亩的水土保持科教园，发布了封山育林"县长令"，打响了水土流失治理的又一次攻坚战。

水土流失与贫穷落后相伴，生态建设与民生改善相依。水土保持改善的不仅是生态，更重要的是民生！

长汀县从解决群众的生活问题入手，建立疏导用燃的渠道，一方面实行严封山，严格封山育林、禁烧柴草；另一方面以"补"疏导，烧煤由政府出资补贴，建沼气池给予补助款，还开展用电补贴的试点，引导群众以煤、电、沼气代柴，从根本上解决群众生活燃料问题，从源头上避免农民烧柴对植被的破坏，2000 年以来，全县用于节能改燃的补助资金达 2000 多万元。

同时，县里引导群众发展"草牧沼果"循环种养生态农业，"草牧沼果"循环种养是以草为基础，沼气为纽带，果、牧为主体，形成植物生产、动物生产与土壤三者良性物质循环和优化能量利用系统，从而实现治理水土流失（种草、种果），抑制农民砍柴割草（用沼气做饭、照明），增加农民收入（果业、畜牧业），推动经济效益与生态效益结合、治理与资源的可持续利用。长汀县通过统一规划、硬化道路、种猪供应、每亩

300元种果补助等优惠政策，引导群众在水土流失区的山上发展"草牧沼果"循环种养，扶持种猪龙头企业6户，专业大户200多户。

三洲镇兰坊村村民李木洪种植杨梅150亩、柿子30多亩，在果场建一座存栏110头母猪的猪场、40立方米的沼气池、15口沼液池，还种了15亩狼尾草，草喂猪，猪下粪，粪变沼肥，肥果树，年纯收入几万元。从2003年起，他又承包租赁山场，形成生态循环链。在水土流失治理中致富后，还到县城买了房子，他说："没想到治理水土流失，会让我的日子过得这么好。"

长汀县科技人员在治理水土流失实践中，总结经验，创新理念，科学治理。他们根据植被亚热带阔叶林→针阔混交林→马尾松和灌丛→草被→裸地的逆向演替规律，通过逆向思维，按水土流失程度采取不同的治理措施，恢复植被，创新实施"等高草灌带""老头松"施肥改造，陡坡地"小穴播草"等行之有效的治理模式，通过种树种草增加植被，改造老头松，改善植被；发展"草木沼果"，改良植被。这一治理法得到了中国工程院冯宗炜院士的高度评价。

自从长汀水土流失治理列入省政府为民办实事以后，长汀的水土流失治理取得了更加辉煌的成就，山地植被覆盖度从原来10%提高到50%~85%，鸟兽昆虫重新回到山上。三洲乡从浙江引进50亩东魁杨梅，经过几年种植，结出的杨梅红艳艳的，个儿大，味道甜，非常可爱，上市后能卖上好价钱，取得了很好的经济效益。吃到甜头，全乡加以推广，全乡共种植杨梅11200亩，还带动周边河田、濯田种植3000多亩。

2004年6月，杨梅成熟了，人们吃着杨梅，喜上眉梢。喝水不忘挖井人，有人要求县委给习近平送一些杨梅去，让他品尝品尝，分享治理水土流失带来的胜利果实。但是习近平已经调离福建，到浙江当省委书记了。怎么办呢？总不能让长汀人民扫兴吧？于是，长汀派县政协主席童大炎带着全县人民的委托，将一篮子新鲜的杨梅特地送到杭州去。

童大炎带着长汀人民的嘱托来到杭州，找到省委，可是没有见到习近平。习近平太忙了，他的秘书接见了童大炎，说习书记不在。童大炎就只好把来意说明了。秘书同意将杨梅转交习近平。但是童大炎没能当面转达全县人民对习近平的谢意，感到遗憾。他当即写了一封信，向习近平说明来意，并且汇报长汀治理水土流失的情况，才把信与杨梅一起委托秘书转交。

童大炎回了长汀。但是他万万没有想到，习近平同志很快回亲笔信，信中称赞长汀水土流失治理取得成效，并提出殷切期望："希望你们再接再厉，以全面根治为目标，切实把这一工程抓紧抓实抓好，把长汀建设成为环境优美、山清水秀的生态县。"

读着习近平的来信，童大炎感动得热泪盈眶，他怎么也想不到，习近平同志在日理万机的情况下，竟能够给他亲笔回信。而且信中热情洋溢地表达了他对长汀人民治理水土流失的赞许及希望。可见，习近平虽然离开了福建，但他对长汀这块红色的土地仍然十分关心，他还挂念着这里的水土流失治理，充满了对老区人民的希望，要求"抓紧抓实抓好"生态建设！

多么殷切的期望！多么朴实的教诲！

童大炎欣喜若狂，他立即把习近平的来信交给县委其他同志们看，大家都很高兴，欢呼雀跃起来。县委又把习近平的来信向全县人民公布，全县人民也欢腾起来了，表示一定要再接再厉，按照习近平的要求，"抓紧、抓实、抓好"水土流失的治理工作，为建设生态县而努力。

为了让更多的人看到习近平的来信，县委又将信复制，放到河田生态园展览馆。现在凡是到这里来的人，看到习近平来信，都深受教育，备感鼓舞，更加坚定了治理水土流失的信心和决心。

第三节
殷切期望

习近平同志对人民有着博大的情怀，2002 年他在福建省人民代表大会上的政府工作报告中指出：我们要始终牢记政府前面的"人民"二字，对群众的悲欢冷暖感同身受，将实践"三个代表"重要思想的行动和成效体现在群众的开怀笑声之中。

长汀是革命老区，自然增加了习近平同志对这块红土地的钟情与关怀。长汀水土流失治理处在关键时刻，习近平同志批示谈的是水土治理工作，实质上是关心老区人民的"冷暖安危"。习近平同志对长汀水土治理工作多次考察、批示，以及在重要会议上讲话。人们从他讲话的字里行间感受到他对群众无微不至的体贴，从他批示里的具体举措，体会出他对人民深厚的爱。习近平同志十分关注生态文明建设，2002 年他在福建主政期间，在一次生态省建设调研会上，他强调指出：任何形式的开发利用都要在保护生态的前提下进行，使八闽大地更加山清水秀，使经济社会在资源的永续利用中良性发展。

长汀人民牢记习近平同志的谆谆教诲，经过锲而不舍的努力，10 年中全县减少了水土流失 60 多万亩，取得了卓越成效。

后来，习近平同志担任中共中央政治局常委、中央书记处书记、国家副主席。日理万机中，他对闽西长汀依然满怀感情、殷切期望，心系长汀的水土流失治理工作。

2011 年 12 月 10 日，习近平看到在《人民日报》发表的《从荒山连片到花果飘香——福建长汀十年治荒，山河披绿》文章后，非常高兴，立即作出重要批示，请有关部门深入调研，提出继续支持推进的意见。

在习近平同志的亲切关怀下，中央政策研究室、水利部、国家发改委、国家林业局、财政部、环境保护部、国务院扶贫办等七部委组成联合调研组，专程前来福建长汀开展水保生态建设调研。

福建省委书记孙春兰会见了中央联合调研组，她代表福建省委、省政府对调研组一行的到来表示热烈欢迎。她说，中央领导的重要批示精神，体现了党中央和中央领导同志对革命老区人民的深厚感情，体现了对老区发展的关心支持，是对福建工作的高度重视和充分肯定。孙春兰强调，我们要认真贯彻落实中央领导同志的重要批示，加快生态建设步伐。一要加大扶持力度，二要做好总体规划，三要强化技术支持，四要切实改善民生。加快老区的经济和生态建设，不辜负党中央和中央领导同志的殷切期望。

2012 年 1 月 8 日，在中共中央政策研究室等七个部门的联合调研组提交的报告上，习近平副主席再次作出重要批示，同意中央七部门联合调查组关于支持福建长汀推进水土流失治理工作的意见和建议，并要求总结长汀经验，推进全国水土流失治理工作。紧接着，孙春兰于 2012 年初主持召开中共福建省委常委会，传达贯彻习近平副主席关于长汀推进水土流失治理工作的重要批示。表示一定要不负重托、不辱使命，迅速贯彻执行中央领导的批示精神。会议指出，习近平副主席在不到两个月时间里两次对我省长汀水土流失治理工作作出重要批示，这是对福建人民特别是老区人民的深切关怀，充分体现了科学发展观，对福建加快生态省建设具有重要的指导意义。全省各级各部门要认真学习贯彻习近平副主席的重要批示精神，进一步增强生态省建设的紧迫感和责任感，努力建设生态福建。省委常委会会议强调，贯彻落实习近平副主席的重要批示精神，必须做到如下三个要。

一要按照"进则全胜"的要求，充分认识水土流失治理工作的长期性、艰巨性，按照习近平副主席的要求，加大支持力度，科学安排资金，做到治理与经济发展并重，治理和改善民生并举，全面提升长汀水土保持工作水平。

二要在全省总结推广"长汀经验"，摸清底数、集中财力，突出治理重点水土流失区域，推动全省水土流失治理工作取得更大成效。

三要加强组织领导，完善领导挂钩联系制度，明确任务、强化责任、完善机制，推动水土流失治理工作项目化、责任化。

会议指出，生态省建设是一项长期复杂的工程，需要我们提升认识、看到差距，需要我们持之以恒、不懈努力。全省各级各部门要更加自觉地把生态保护摆在全局工作中的突出位置，把生态保护作为目标任务考核的重要指标，作为产业发展布局的重要因素，作为党员创先争优活动的重要内容，全面落实《福建生态省建设"十二五"规划》，努力推动福建生态省建设取得新的成绩。

2012 年 1 月 29 日，春节长假后第一天，孙春兰就遵照习近平的批示精神，率领省直有关部门负责同志风尘仆仆来到长汀，调研水土保持工作，视察三洲镇万亩杨梅基地和河田镇露湖村板栗园，又到了河田伯湖村北坑、露湖村竹笼坑、晨光村来油坑等地，这些地方都还未进行水土流失治理。孙春兰要求，以习近平重要批示精神为动力，把生态环境保护放在全局工作的突出位置，加快水土流失治理，推进生态建设，做到"进则全胜"。

调研组一行在察看了三洲杨梅园、崩岗治理点和长汀水土保持科教园后，对提高严重水土流失区群众燃料补助、加快水土流失区区间道路建设、完善汀江上下游生态补偿机制等七项工作逐一进行了落实。强调做好长汀水土保持治理工作。一要靠精神，发扬"滴水穿石，人一我十"的精神，自力更生、艰苦奋斗，谦虚谨慎、戒骄戒躁，持之以恒地踏踏实实干下去。二要靠政策，细化目标任务，定量考核成果，实施封山育林，完善补贴机制，发展生态旅游产业，改善群众生活。三要靠科技，继续加强与高校、科研单位的协作，推广实用技术，总结创新水保有效办法；强化监管，确保水保资金安全有效使用；提升工程水平，探索主动治理崩岗隐患的新模式，减少地质灾害。

3月7日，习近平看望出席十一届全国人大五次会议的福建代表团全体代表时，又作出重要指示：要认真总结推广长汀治理水土流失的成功经验，加大治理力度，完善治理规划，掌握治理规律，创新治理举措，全面开展重点区域水土流失治理和中小河流治理，一任接着一任，锲而不舍地抓下去，真正使八闽大地更加山清水秀，使经济社会在资源的永续利用中良性发展。

这些重要指示，高瞻远瞩，倡导的是立足实际又胸怀长远目标的实干精神，体现了习近平同志对福建水土保持和生态建设的高度关注，极大鼓舞和鞭策长汀及福建人民，为改变落后面貌迎难而上，锲而不舍！

6月28日，孙春兰带领省委其他领导再次深入长汀县策武镇南坑村调研。孙春兰书记一行站在南坑银杏基地，远眺青翠满眼，近看枝头果繁，感到十分欣慰。南坑村支部书记沈腾香汇报说，银杏的价值高，村民都很积极种植银杏，把银杏当成了宝贝。孙春兰书记高兴地说："群众赞成就好，群众能够增收，参与水土流失治理的自觉性就强，就能形成增收致富与生态保护的良性循环，一举多得，这种做法好。值得推广！"

孙春兰与南坑村的村干部、种植大户、村民代表一起座谈。在座谈会上，银杏种植带头人袁廷云、村民袁连淦、村支书沈腾香等人分别介绍了他们种植银杏的情况，又汇报了"一树一山一水一田一路一民居"的"六个一工程"。听了大家的发言，孙春兰十分满意。孙春兰指出："南坑村把治理水土流失与发展特色产业相结合,使'难坑'变成了'富谷',要认真总结经验,锲而不舍地把水土流失治理抓下去,让大家都富起来!"她又笑着说:"以前是'长汀哪里苦,河田加策武',现在是'长汀哪里甜,策武加河田'。"孙春兰的话,引起大家一片热烈的掌声。

习近平同志两次重要批示,对长汀的殷切期望,化成了极大的推动力,促使省、市各级领导对长汀治理水土流失更加关心和大力支持,长汀党政各级领导、全县干部群众备受鼓舞,闽西老区再次掀起了水土流失治理的新热潮。国家部委领导来了,高规格的全国性大会接连在长汀召开。2012年5月17日,水利部在长汀召开总结推广长汀水土流失治理经验座谈会。同年7月21日,国家林业局又在长汀召开全国林业厅局长会议……

龙岩市委领导也及时传达、学习习近平副主席关于推进水土流失治理工作的重要批示精神,并且深入长汀调研水土流失治理工作。市委、市政府先后下发了《关于认真贯彻落实习近平副主席重要批示精神,进一步加快水土流失治理和生态市建设的决定》《关于对水土流失重点片区治理工作实行挂牌督办的通知》等12份重要文件。

龙岩市财政安排3100万元专项资金用于水土流失治理,是上年190万元的16.3倍,各县(市、区)也相继出台了财政支持政策。国家有关部委和省、市有关部门都从政策、项目、资金、技术、人才等各个方面给予大力支持。

一场声势浩大的水土流失治理攻坚战在全市范围内如火如荼开展。全市策划生成水保、水利、林业、环境整治、扶贫开发、土地整理和矿山整治等"六大工程"项目164个,年计划投资26.8亿元,全市完成水土流失治理面积47.07万亩,占年度计划的104.6%,其中,长汀完成治理面积10.59万亩,占年度计划的111.9%。

长汀人民在省委、市委和县委各级领导下,在原来治理水土流失的基础上,进一步做好生态环境的恢复、生态资源的保护、生态优势的利用、生态经济的发展等各个方面的工作，努力构建持续发展的生态农业体系、极具潜力的生态工业体系、富有魅力的生态旅游体系、坚强有力的生态保护体系、和谐宜居的生态人居体系，为真正实现"从荒山到绿洲到美好家园"的转变而奋斗！

习近平同志"居庙堂之高则忧其民"，亲切关注长汀乃至全国的生态建设，他对长汀的殷切期望，使长汀治理水土流失高潮迭起，坚持不懈，持之以恒，真正做到"滴水穿石，人一我十"，取得巨大的效果，改善了生态环境，成为治理水土流失的一面红旗。

参考文献

詹鄞森：《百万亩青山作证》，见福建省龙岩市政协文史与学习委编《闽西水土保持纪事》。

陈天长：《绿色丰碑》，见福建省龙岩市政协文史与学习委编《闽西水土保持纪事》。

张鸿祥：《春风化雨情满青山》，见福建省龙岩市政协文史与学习委编《闽西水土保持纪事》。

第四章
众志成城

| 大美汀州 | 生态家园 |

治理水土流失，实际上打的是一场人民战争。它离不开一任又一任各级领导的关心和支持，离不开一批又一批科技人员的艰苦努力，更离不开广大人民群众战天斗地、坚持不懈的实干精神。在县委、县政府的领导下，长汀人民万众一心、众志成城，广大妇女巾帼不让须眉，广大青年勇当先锋，科技人员奋战第一线，当地驻军和各界人士也纷纷参与，奋力拼搏，谱写了一曲曲治理水土流失的动人凯歌。

第一节
政府主导

　　治理水土流失，好比打仗，要取得战斗的胜利，需要一个好指挥，所谓马首是瞻。长汀县在治理水土流失的人民战争中，谁是马首？自然是长汀县委、县政府了。政府是核心力量，肩负着主导的职能，做出决策，率领全县人民万众一心，治理水土流失。长汀县委、县政府在各个时期的治理工作中都率先垂范，引导广大群众和社会团体积极参与，做治理水土流失工作的坚强后盾。

　　长汀县委、县政府始终把水土保持摆在经济发展的战略大局中去审视，常抓不懈、持续推进。县委、县政府认识到水土流失是人民生活贫困的主要根源之一，将水土保持工作列入国民经济和社会发展规划，在县级层面发布了《关于水土保持工作的意见》《关于振兴林业，念好"山经"的决定》《关于发展草业生产的决定》《关于治理水土流失的十条措施》等，将水土治理工作作为长汀县经济社会发展战略的重要任务。县成立水土流失综合治理领导小组，由县委书记、县长亲自挂帅，河田、濯田、策武等乡镇也成立由党委主要领导任组长的领导小组，抓好群众的宣传发动及项目的具体组织实施；建立县、乡、村三级党政领导挂钩制度和县乡部门挂钩、协同作战机制，形成水土流失综合治理的强大合力，团结全县干群上下一致，通过理念创新、技术创新、机制创新和管理创新，走上一程紧接一程的攻坚之旅。

1978年，党的十一届三中全会后，长汀县委、县政府领导审时度势，把水土流失治理工作纳入科学民生战略轨道。为了更好地治理河田的水土流失，1980年8月，长汀县委、县政府特地组织了水土流失多学科综合考察队，由康绍泰、李春林、蓝志斌、林大友、涂钊、曹春明、戴国煊、傅锡成、刘永泉、康绍松等16人组成，他们分别是林学会、农学会、水利电力工程学会、基础理论学会等各部门的专家，以科协副主席康绍泰同志为队长，进驻河田，进行了为期一个月的考察。通过调查研究，专家们在农业、林业、水利、地理、地质、生物、水文、气象等各方面写出了考察报告。10月上旬，长汀县委又邀请福建省各高校、各科研院所的专家教授，在河田召开了水土保持及生态平衡学术研讨会。县委书记林大穆及河田公社黎梓元书记自始至终参加了会议，听取专家们的意见，以制定治理水土流失的有力措施。

1981~1983年，县委书记林大穆亲自领导，副县长蓝在田主持，开展了"文革"后的河田水土流失初步治理工作。1982年长汀县成立水土保持委员会，进行"河田水土流失防治"课题的研究与实践。县委又将有关治理水土的报告送呈省委书记项南，争取省委的支持和帮助。

1983年4月2日，省委书记项南同志带领有关领导、专家来到长汀河田考察治理水土流失，从此在县委、县政府的直接领导下，长汀拉开了更大规模的治理水土流失的攻坚战。副县长蓝在田在河田蹲点，跟河田镇副镇长傅锡成、水电局干部谢江河等人一道，带领群众在罗地进行以草促林的治理试验。

在罗地植草试验的那些日子里，县委书记林大穆很关心，亲自到场指挥。通过封禁促养、陡坡穴播、草灌补种、老头松增肥改造，试验终于成功。次年，推广到周边的三洲、策武、濯田等地，扩大治理面积，逐渐摸索出了治理水土流失的一套经验。

● 绿色誓言：还我青山绿水，再造秀美山川

　　从1983年开始，长汀县委多次召开常委扩大会议，组织各乡镇干部和县直机关部委办领导学习项南同志在长汀视察时的重要讲话，邀请有关领导和工程师、农艺师、农牧师等专家研究讨论当前和长远的规划，大胆地提出做好"农、林、牧、副、渔、草"文章，全县进行了大规模的改田、改水沼田、治水，改变农业耕作制度，同时实行封山育林，大力营造经济林，空前加大治理水土流失力度，解决水土流失问题，开辟了一条行之有效的水保新路，使生态环境显著改善。

　　水土治理从改革开放初期开始，历届县委、县政府延续了主要领导抓水土治理的传统，县委主要领导担任水土治理领导小组的组长，统筹长汀县力量，落实和开展水土保持工作。以工代赈时期（1986~1990年），长汀县实行了县委定期研究、布置和检查水土保持工作的制度，将植被恢复和水土治理列入县委、县政府工作的重要议事日程，并延续至今。

1992年夏天，在县委、县政府的领导下，经县林业局领导和科技人员反复论证，确定引进浙江黄岩东魁杨梅，作为经济林果的战略品种，在三洲试验种植50亩2000多株。经分片编号、精心管护，成活的杨梅达1997株，长势良好，2000年进入盛产期，株产20多公斤，示范引种全面成功。此后，三洲杨梅开始大面积种植。三洲乡通过杨梅种植达到了治理水土流失、发展经济的目的，取得可喜的经济效益，开创多赢共进的局面，建立万亩杨梅基地，创造了奇迹。如今三洲乡漫山遍野，尽是碧绿的杨梅林，正如人们所说的：种下的是杨梅，长出的是精神；治理的是水土，受益的是百姓。

在县委、县政府的领导下，长汀治理水土流失有了一个较大的突破：多树种结合，针叶林与阔叶林结合，用材林与薪炭林、经济林结合，生态与工程结合，治理与管护结合，点上试验与面上推广结合，采取多层次、多树种的方式，高密度草灌乔一齐上，长短结合，通盘考虑，特别是到浙江引进杨梅，还种了板栗、金橘、猕猴桃等经济林，变恶性循环为良性循环，变水土流失区为经济作物区，形成了治理开发和经济利用、实现生态效益的治理模式。

县委、县政府建立领导挂钩责任制，把治理开发任务完成情况列入部门、干部年度目标管理考核内容；县人大、县政协每年组织一次以上视察、督察，积极推进相关治理项目的落实。1998年后，长汀县水保局每年向县人大汇报各项政策和项目执行情况，以及水土治理的成就、存在问题，邀请县人大代表、政协委员视察工作，将水土保持工作纳入政策范围，并重视建立健全水土治理宣传和社会监督制度。

2000年，长汀水土治理列为福建省为民办实事项目后，长汀县水土保持得到了前所未有的社会关注和政府重视。长汀县水土流失综合治理工作被列入龙岩市委、市政府经济社会发展的全局，摆在了突出的位置。龙岩市专门成立长汀县水土流失综合治理项目领导小组，由市委副书记任组长。建立了省、市、县三级联席协调会议，解决水土治理中面临的政策、技术、资金和项目管理问题。长汀县委、县政府成立了长汀县水土流失综合治理领导小组，县委书记任组长，项目区乡镇一把手为水土流失综合治理第一责任人。县人大、政协继续定期听取水保局工作汇报。当年，时任长汀县县长签发了中华人民共和国成立后长汀县的第二个县长令——《长汀县人民政府关于封山育林的命令》，封山面积达 10.13 万平方千米。常规议事机制、各级主要领导责任制，快速有效地解决了长汀县水土治理进展中面临的各种具体问题，避免了水土治理工作被边缘化的风险。

2012 年 2 月，长汀县委、县政府又制定了《关于认真贯彻落实习近平副主席重要指示精神　掀起新一轮水土流失治理和生态县建设高潮的决定》。要求全县各级各部门要从党中央提出的"坚持以人为本,树立全面、协调、可持续的发展观,促进经济社会和人的全面发展"的高度来深刻领会习近平副主席"进则全胜，不进则退"的重要指示精神，全力做好水土流失综合治理工作，进一步推动生态县的建设。长汀县委、县政府把建设山清水秀、环境优美的新长汀作为科学发展战略目标来抓，作为治理水土流失历史上的第二个伟大里程碑来建设。

长汀的水土流失治理走过了艰难的旅程，取得了辉煌的成就。但是每一个成就都离不开县委、县政府的领导，是各级党政领导一届接着一届治、一代接着一代干而取得的，许多领导干部吃苦在前，做出了榜样。现在长汀县正以更加饱满的精神状态，从水土流失治理到展示山水之美，以"一江两岸"的恢宏复兴工程正式启动为标志，全面推动生态文明建设。

第二节
群众主体

　　历史是人民群众创造的，群众才是真正的英雄。长汀治理水土流失走的就是群众路线，依靠群众，大力调动人民群众的积极性。由于政府发放燃料补贴，解决了人民群众生活的实际困难，因此广大人民群众积极配合政府，投入治理水土流失的工作中。长汀治理水土流失，实际上打的是一场人民战争，全民总动员，人人上战场，有钱出钱，有力出力。

　　党的十一届三中全会后，长汀县决定在河田先搞一个千亩茶果场做试点，茶果场战役一拉开，2000多名民工到河田安营扎寨、搬山填壑，整个河田都沸腾起来了，县里的指挥部就设在河田。第一战役的成功，引起了福建省委、省政府的重视和有关部门的关注。从1981年开始，在河田又先后进行了"八十里河小流域治理"、"水东坊水土保持试验"、"赤岭示范场综合治理"、"刘源河水土保持治理"和"罗地以草促林试验治理"等五大战役。每一次战役都得到广大群众的支持，群众是主力军，民工们吃大苦、流大汗，却毫无怨言。

　　最让人记忆犹新的是1983年罗地村进行的以草促林治理的试验。群众大力支持，开了3千米便道，每天千人上阵，分为32个班组，每班30人。在3388亩试验区域拉开序幕，要求全垦深翻20厘米。那场面真是壮观，漫山遍野，人头攒动，大有改天换地之气势。罗地村人把它当成特大喜事，开工的时候，时任村支部书记叶森应，点燃了长长的鞭炮，以示庆祝，鼓舞士气。

在整个深翻山土的过程中，人们意气风发，干群同心同德，指挥部设在山上，伙食也办在山上。为支援罗地人的治理水土流失战役，县城的人们也行动起来了，凡是有车的单位都大力支援，用本单位的车为罗地村送一车垃圾，保证每亩山地能下一吨垃圾做基肥。

人们按计划播下了草种，不久，满山长出了绿油油的芒萁，这种草既保持了水土，又增加了土壤的肥力。种草试验成功了，人们总结经验，全面推广，其他 9 个自然村也紧紧跟上，在 7280 亩山地上都种上了草。

1985 年，在政府支持下，在河田长出草的山头上用飞机播下树种，实行草灌乔混交，以马尾松为主，兼种香根草、木荷、胡枝子、闽粤栲等。同时，又实行草、牧、沼、果循环种养模式，给树木施肥，改造老头松，在陡坡地进行小穴播种，进行果园套种等。

为了确保治理水土流失这项民生工程，各村选出两名公正无私、责任心强的村民担任护林员，管理和巡视山场。同时，每个村都制定村规民约，对违反封山育林者，给予一定的惩罚。规定情节严重者，杀其家中一头猪；情节较轻的，也要他出钱请电影队到村里放映电影给大家看。村规民约是村民自己讨论制订的，合乎实际，大家都严格遵守，再也没有人敢破坏山林了，有效地保证了草木茁壮生长。

在与河田一同跟进治理的同时，三洲乡同样走的是群众路线，调入机械及民工，推挖整理山场，开穴施肥，在科技人员的指导下在山上种杨梅。当试验种植杨梅成功后，全乡村民都行动起来，投入种植杨梅的热潮中，有种一二十株的，有种三亩五亩的，有承包山场种植更多的，很快三洲种植杨梅总面积达到 12660 亩，成为闻名遐迩的三洲杨梅基地，既保持了水土，又发展了经济，一举两得。

策武乡南坑村也把水土保持与改善生态、改善民生结合起来，全村以"猪——沼——果"生态农业为发展模式，开垦荒山，种上油奈、桃、李、银杏等果树达 7739 亩，其中银杏 4300 亩，成为闻名遐迩的"银杏第一村"。还建有标准化养猪场 3 个，"猪——沼——果"家庭农庄 10 个。人均种果 5 亩，户均养母猪 3 头，菜猪 20 头……2008 年，全村实现农村经济总收入 1360 万元，村民人均纯收入 5678 元。南坑村彻底改变了人穷岭光的面貌，漫山遍野都是桃树、板栗树、油奈、银杏，郁郁葱葱，村民也富裕了，全部建了新房，还有很多村民买了小车，出入都开着小车。

长汀县又发动广大农民种果。2000 年 4 月，县人民政府又出台了一项开发性治理水土流失、鼓励开发荒山种果的政策，同时还鼓励机关、事业单位干部和科技人员开发荒山种果，制定了相应的优惠政策，得到全县广大干群的拥护，把长汀全县人民都动员起来了，从城市到农村，各行各业，没有不出钱出力的。种果政策出台后，当地涌现大批种果"草根英雄"。

为了更好地调动群众参与治理的积极性和创造性，长汀探索和推行了以买、股、租、包等多种形式为主的治理开发责任制，实行"谁投资、谁受益，谁使用、谁管护"模式，鼓励和组织当地群众承包荒山种树种果，积极引入外地企业和个人承包荒山进行产业化、规模化治理开发，注重培育治理大户，发挥典型带动效应，走出一条治理水土流失的群众路线。

群众成为治理水土流失的主体。1994 年 9 月，策武乡开展了"四荒"地使用权的拍卖工作，策田、策星两个村参加报名投标的 121 户中有 59 户农户中标，共拍卖"四荒"地使用权 2256 亩。赖木生于 1983 年在河田承包土地，从 1988 年开始，在长坑水土流失区开发种植油奈、板栗、水蜜桃等果树 13.34 公顷；1994 年在河田泉水岭开发板栗 33.34 公顷；1999 年又在河田和策武两个乡（镇）共承包山地 696 公顷种果。种果产值达 80 余万元，利润达到 20 余万元；马雪梅筹资数万元承包了由濯田镇干部入股的赤岭崀 430 亩板栗，并动员其亲戚从青岛远赴长汀，租赁

300 亩水土流失的山地种植板栗。

长汀还通过以工代赈的方式，将广大农民召集到水土流失治理工程中。1988 年，长汀县申请的世界粮食组织援助治理水土流失工程项目，群众投入治理用工 1217.37 万工作日。2000~2003 年，累计投入劳动力 176.1 万工作日。

在治理水土流失这一巨大工程中，长汀广大人民群众一代一代地出大力，流大汗，立下了不可磨灭的功劳。可以说，没有人民群众，就没有治理水土流失的成功！

● 全民治理水土流失

第三节
巾帼不让须眉

在恢复自然生态、建设美丽家园的伟大征程中，长汀的广大妇女纷纷走出家门，耕山种果，育林护林，绿化荒山，积极投入水土流失治理。勤劳朴实的广大妇女真正撑起了水土流失治理的半壁江山。

1997 年，全国妇联在长汀县策武乡红江村下江坝实施全国"三八"绿色工程示范基地项目。该基地投资 39 万元，于 1997 年冬整地挖穴，1998 年开始种植，分别种上雷竹 40 亩、绿竹 55 亩、大头典竹 5 亩，建成集生产、科研、服务、创收为一体的"妇"字号基地。同时，沿基地四周栽植了两排桉树、酸枣和荆棘，形成天然围墙，既绿化了环境，又起到防风防洪的作用。基地还套种花生、菜瓜等绿肥植物，达到以短护长的目的。

为了更好地发挥笋竹基地的综合效益，又建立 400 平方米妇女养殖示范基地，在竹林基地套养河田鸡，在基地沿河养鸭，在基地旁建管理房和鸡、鸭、猪舍，形成立体种养，增强经济效益。基地不但可以绿化汀江沿岸，进行水土流失的综合治理，还是农村妇女脱贫致富的好项目，取得了明显的社会效益、经济效益和生态效益。在该项目的带动下，各乡镇妇联积极结合本地实际，也创办起经济实体和基地。

长汀县妇联、福建省直机关工委、长汀县总工会分别组织妇女、机关干部、工会会员参与植树造林、种茶种树，分别建立了"水土保持巾帼林""机关党建先锋林""五一生态林"。1999 年，在省、市、县、乡镇妇联的共同努力下，长汀县妇联采取妇联投入、部门联动、乡村协作、妇女管护机制，在河田镇露湖村建立"长汀县水土保持巾帼林"73.34 多公顷，其中包括33.33 多公顷的板栗基地。这不仅动员了广大妇女以实际行动支援了长汀县水土治理，还促进了农村经济发展、增加了农民收入。此后，长汀县妇联多次组织妇女到"长汀县水土保持巾帼林"种植经济林果，有效地发挥了妇女半边天的作用。

2012 年，省、市、县妇联乘胜前进，在河田镇水土流失区建立"水土保持巾帼林"1100 亩，省、市妇联主席都亲自到河田镇植树，并且组织百名妇女义务植树造林。省、市妇联分别拨出专款 10 万元和 8 万元，用于扶持河田镇露湖村"长汀县水土保持巾帼林"建设，带领广大妇女积极参与水土流失治理和生态建设。

● 妇女们植树造林

　　策武乡南坑村党支部书记沈腾香，组织全村党员和种养能手到漳州西坑村学习取经。回来后提出庭院养猪鸡，能源用沼气，山上种水果，耕地烟稻菜，形成产业链，实施"猪——沼——果"生态农业模式的发展思路，亲自带头上山种果十多亩，养母猪5头，年出栏猪仔100多头，并要求每个党员干部开发种果10亩以上，养猪10头以上。同时落实山林权流转制度，引进厦门树王长汀银杏生态园有限公司，投入300多万元建立了2300亩银杏基地。市、县妇联也大力支持，在技术和资金上给予帮助，举办各类培训班11期，扶持资金30多万元。全村宜种果荒山全部种上银杏和其他果树，面积达7739亩。南坑村从一个严重水土流失村，转变为花果飘乡的美丽乡村。

　　像沈腾香一样，在治理水土流失、建设生态家园中带头实干的妇女，各乡镇都涌现了很多很多。例如，赖金养、马雪梅、杜火秀、丘春香、丁久妹、丁连秀……一个个种植、养殖的女能人为长汀生态建设贡献了力量，她们用自己勤劳的双手，为长汀生态建设描下浓墨重彩的一笔，谱写出可歌可泣的绿色篇章！

第四节
青春添彩

在治理水土流失中，青年团是最不甘落后的，他们血气方刚、朝气蓬勃，积极投身于伟大的生态家园建设事业。

2000年，长汀水土流失综合治理被列入福建省委、省政府为民办实事项目，团省委响应号召，筹资100万元，团市、县委各筹资5万元，在长汀河田游坊村实施"汀江流域青年生态林·世纪林"项目，规划治理水土流失面积2020亩。5月，长汀团县委发动青年上山义务植树造林，并带领技术人员上山指导，光秃秃的山上，团旗招展，人山人海，场面非常壮观。团县委的每个干部负责一个山头，吃住都在山上。

世纪林种植东魁杨梅9000多株，成活8200多株，创造了在重度水土流失区成活率之最。世纪林修建了7.8千米果园路，砌了45个蓄水池，建了10多个谷场。声势浩大的植树造林之后，团县委又建起了管理房，招聘了3个大学生管理林场，并提供资金让管理人员在山上养鸡，在杨梅树下套种花生。

自2002年起，长汀团县委利用暑假在青年世纪林举办了7期生态体验、素质拓展夏令营，开展了"保护母亲河"小流域治理青年突击队竞赛活动，全县共有206支志愿者服务队，3.1万多人次义务投工投劳，到青年生态世纪林等山场开展志愿服务活动。其中，南区小学少先队开展了"保护母亲河、争当环保小卫士"主题队会,中区小学少先队开展了"植绿护绿,爱护环境"千名青少年签名和共建"青年世纪林活动"。

与此同时,团县委还组织发动广大青少年合理使用零花钱,将零花钱捐赠出来,用于"保护母亲河"环保活动。每年3月,长汀县团员青年与江西赣州的团员青年一起在长汀开展"闽赣青年共造友谊林"的植树活动。

2011年3月5日,由团省委、省"保护母亲河"领导小组主办,龙岩团市委、长汀团县委承办的"保护母亲河——福建省青少年绿色环保行动"启动仪式在长汀县举行。环保志愿者宣誓,为"保护母亲河青年突击队"授旗,为"闽赣青年林"立碑……与会人员到青年世纪林又植下5500多株树。

2012年,长汀团县委积极争取,整合项目资金110余万元,发动广大团员青年,全面掀起新一轮治理、提升"青年生态林·世纪林"工作的高潮。其中,争取29万元对尚未稳定且危害较大的6个崩岗采取削坡、降坡、治坡、稳坡等措施,进行生态—经济型综合治理,综合开发利用山地近40亩,在节约治理资金的同时,实现生态效益与经济效益共赢,成为全省大型崩岗治理示范工程。

长汀的共青团员和少先队员,发扬了长汀革命老区人民的革命传统,为治理水土流失、铸就绿色丰碑做出了很大贡献。据统计,长汀县共有206支青年(红领巾)志愿者服务队,3.1万多人次义务投工投劳,到青年生态世纪林等山场开展志愿服务活动。汀江流域"青年生态林·世纪林"项目先后被授予"福建省青少年生态教育基地""全国保护母亲河行动先进集体""全国保护母亲河示范工程""省国土绿化十佳单位""省级绿化模范单位"等荣誉称号。

第五节
社会参与

早在 1945 年，毛泽东在中国共产党第七次全国代表大会上的闭幕词中，号召全党要用愚公移山的精神完成新民主主义革命，把中国引向光明。他用愚公移山的故事做比喻，要我们共产党人"下定决心，不怕牺牲，排除万难，去争取胜利"。他说："我们一定要坚持下去，一定要不断地工作，我们也会感动上帝的。这个上帝不是别人，就是全中国的人民大众。全国人民大众一齐起来和我们一道挖这两座山，有什么挖不平呢？"

长汀人民治理水土流失，几十年如一日，坚持不懈，其实也像愚公移山一样，感动了上帝，这个上帝包括社会各界人士、在外游子、台湾同胞以及外地私营企业主，甚至当地驻军，他们都被深深感动了，关注着长汀的水土流失治理，并以实际行动参与。

20 世纪 80 年代，为促进封山育林政策的实施，在改烧柴为烧煤的问题上，长汀县乡镇机关、学校、企事业单位带头将烧柴改为烧煤，为推广省煤灶、烧煤锅炉，为能源消费升级、保护山林和保持水土做出了重要的贡献。在河田罗地种草试验中，县直机关单位的货车、拖拉机义务运送垃圾肥料到河田水土流失区，为生物治理措施的顺利试验提供了急需的肥料。1989 年，随着河田朱溪河流域被列入国家水土保持汀江流域重点工程建设项目，城关学区、广电局、河田学区、河田二中、河田

● 军队官兵植树造林

● 军民一起开辟河田茶果场

中学等单位积极前往河田种植果树共计 66.66 公顷。

20 世纪 90 年代，机关事业单位直接参与山地开发和果树种植，促进了水土治理由生态治理向开发性治理转变，引领了全社会的积极参与。机关、干部职工投资山地综合开发，以实实在在的成效引导群众参与水土流失区的开发性治理。水保局、林业局、烟草局、农业局等部门充分发挥各自优势，广筹开发资金，示范推广杨梅、板栗，鼓励群众投入，实现连片开发治理。为了实现河田水保综合开发区万亩果园基地建设，1995 年，水保站、林委、县烟草公司各负责开发 33.34 公顷，并充分调动了有种果积极性的群众参与开发性治理。1994~1997 年，县直 18 个单位到河田、策武、馆前、南山等乡（镇）水土流失区进行开发治理。各部门挂钩一个村、示范基地，坚持技术、政策示范，每年都安排一定的资金用于水土治理，三年共投入资金 360 多万元，种果 1200 公顷，相继建成了杨梅、板栗基地。有了机关、事业单位各部门的带头，群众看到了植树种果是一条致富的好门路，纷纷行动起来参与水土治理。

2000 年后，部门挂钩水土治理机制在层次上和外延上进一步升级。龙岩市委、市政府结合开展"保护母亲河"活动，组织有条件的市、县机关企事业单位到水土流失区进行挂钩治理。要求挂职部门指定分管领导、专职干部，"一定三年，一挂到底，不抓出成效不放松"。为释放科技人员的潜能，调动干部和职工个人参与水土治理的积极性，长汀县政府鼓励并支持机关事业单位干部和科技人员到水土流失区投资种果。凡开发种苗 3.33 公顷以上者，"工资、行政关系不转，福利待遇不变，调资、职称评定予以优先，可向银行、扶贫办申请贷款"。县直机关和干部职工直接参与水土治理，以点带面推动了水土治理的开展，形成了全社会共同参与水土治理的良好局面。

2011 年，时任国家副主席的习近平对长汀县水土治理成就给予批示后，各级政府在长汀县掀起了全民义务植树的高潮。2012年，龙岩市长汀县举行了以"群策群力治理水土流失，同心同德共建生态长汀县"为主题的全民义务植树活动。活动期间，省市各有关部门赴长汀县义务植树32批次2650人，种植银杏、桂花、木荷、枫香、樟树等树种10万余株。各乡镇各部门也开展了以种植"生态林、世纪林、电力林"等为主的形式多样的全民义务植树活动，长汀县参加义务植树25万人次，完成义务植树99万株，尽责率和株数完成率分别达96%和95%，新建义务植树基地46公顷。

为了给长汀县新一轮水土流失综合治理尽一份力，许多政府部门将党建组织活动的舞台放到水土流失区，组织干部职工以实际行动参与水土治理工作，各种小规模的义务植树活动遍地开花，形成了良好的部门参与氛围。例如，龙岩市交通局、长汀县人口计生局、长汀县新闻中心等分别组织干部职工到水土流失区开展义务植树活动，丰富了政府引导、社会参与的机制和方式。遵照习近平同志关于"请有关部门深入调研，提出继续支持推进的意见"的批示，更多部门参与支持长汀的水土流失治理和生态建设。

2012年2月，福建省发展和改革委员会组织专家学者和机关业务骨干赴长汀县实地调研，结合当地具体情况和发展改革部门职能，从规划、政策、项目、资金等方面着手，切实巩固长汀县水土流失治理成果，提升当地经济社会发展水平，并出台一系列具体举措。

第一，支持编制《长汀县水土流失治理总体规划》，指导当地通过规划，谋划生成项目；在即将开展的全省"十二五"规划和各专项规划中期评估中，重点衔接长汀县的各项规划，将该县有关规划内容增补列入全省"十二五"规划和相关专项规划，包括将长汀县列入《福建省"十二五"水土流失综合治理实施方案》，该县林木种苗项目列入全省"十二五"林木种苗规划，该县符合条件的小型水库增补列入全省小型水库规划；加快实施《长汀县"汀江源"水土保持生态建设规划 (2010—2017 年)》。同时，加强与国家有关部委沟通衔接，争取一批重大项目列入国家规划，力争将长汀县坡耕地水土流失综合治理工程列入国家试点范围，将长汀及其他原中央苏区县水土流失治理列入国家重点治理工程，将荣丰水库列入国家中型水库专项规划，加快推进汀江流域防洪工程项目的前期工作，争取尽快获国家审查审批。

第二，加大对长汀经济发展支持力度，一方面实施简政放权，通过加强跟踪、督促和协调，确保省委、省政府《关于进一步加快县域经济发展的若干意见》各项政策落到实处，确保县级能够办理的审批权限，原则上直接放权或委托给县级；另一方面扶持产业发展，会同有关部门在专设的产业发展专项资金中，对长汀县符合产业发展方向、促进生态保护和建设的项目给予重点扶持，发挥"6·18"平台作用，推动项目对接和成果转化，培育和壮大一批产业龙头企业。将河田镇增补列入省级小城镇综合改革建设试点，享受土地增减挂钩、财税、基础设施投资、房地产综合开发、户籍、就业、金融等各项配套政策。

第三，继续支持长汀县水土流失综合治理项目建设，及时把相关重大项目列入省重点项目，纳入五大战役实施内容并加快推动；在林业生态保障方面，重点支持长汀县防护林、油奈产业发展等项目建设；在水利设施建设方面，重点支持荣丰水库工程以及汀江流域防洪工程前期工作；在农村民生方面，重点支持长汀县农村安全饮水、水土流失区区间机耕路、河田镇污水处理、农村能源等项目建设，特别是要会同有关部门加快实施水土流失区造福工程，优先安排长汀县"造福工程"集中安置区的配套设施建设，力争提早完成重点水土流失区农户搬迁任务。

第四，加大资金投入，积极组织长汀县谋划和申报项目，加强与国家发展改革委的汇报、沟通和衔接，争取中央预算内资金的更大支持，同时，尽可能多安排省级预算内资金，支持长汀县水土流失基础设施建设和规划编制工作。

2012 年 4 月，环境保护部生态司等相关部门在长汀召开支持长汀水土流失治理工作具体措施落实方案现场会。现场会上，环保部提出六大措施支持长汀县水土流失治理工作：一是建立汀江上下游流域生态补偿机制；二是支持农村环境综合整治工作，2012 年将长汀县纳入福建省农村环境连片整治示范区；三是支持长汀环境监测和环境监察标准化建设；四是支持长汀开展国家生态县以及生态乡镇、生态村等生态建设示范区创建工作；五是指导帮助长汀稀土企业技术进步，推进长汀稀土企业进入国家符合环保要求的稀土企业名单；六是为长汀提供环境保护基础技术支持，包括开展汀江流域生态系统健康评估、指导编制农村环境综合整治规划、将长汀作为易灾地区生态评估试点县、对长汀生态环境状况进行年度县域评估、指导帮助长汀编制县域有机产业发展规划等。

政府机关事业单位率先垂范构成了政府项目治理、市场主体治理的重要补充。领导干部职工在受教育的同时，也在全社会营造了关心、重视水土治理的良好氛围，使长汀县水土治理拥有了广泛的社会基础。有了政府部门的带头示范，民众逐渐意识到保护生态环境的重要性，纷纷自觉参与生态建设。

长汀县政府逐渐认识到企业在生态建设中所发挥的有益作用，积极为企业支持、参与水土保持和森林恢复提供有利的外部环境和参与机会。随着企业社会责任意识的日益提高，越来越多的企业主动加入水土保持和森林恢复活动中。企业通过植树造林、保护森林等活动来参与治理水土流失，履行社会责任，有助于动员广泛的社会力量参与生态建设，实现政府和企业的优势互补与合作共赢。

企业参与长汀县水土治理始于 20 世纪 80 年代初。当时是作为计划体制下的一种强制参与形式。80 年代初，县汽车运输车队、县林场的汽车队就义务参与为河田运送煤炭、垃圾肥料的任务，推动了河田群众改煤节柴、荒山治理工作的开展，有效保护了山上的植被。

90 年代末期，长汀县策武镇南坑村银杏基地的建立和运行是企业家履行社会责任、建设美好家园的典范。南坑村原来是长汀县有名的贫困村，水土流失给百姓生产生活带来了严重的危害。厦门市民政局原副局长袁连寿及其夫人、厦门华美卷烟有限公司原董事长刘维灿，看到家乡南坑村治理水土流失、改变穷山恶水缺乏资金，积极在厦门动员社会力量筹集资金，成立长汀县凌志扶贫协会，支持村民种果养猪。村民开发种果、养猪可以获得贴息贷款，并专门聘请了 4 名种果、养猪技术专员。1999 年，在袁连寿和刘维灿夫妇的支持下，引进厦门树王银杏制品有限公司，租赁村民山场 154 公顷，修果园道路 19810 米，通过"公司 + 农户"方式带动村民种植银杏 133.4 公顷。昔日的光头山成了花果山，全村宜果荒山全部种上了银杏、油奈、桃、李，种果面积 515.93 公顷，其中银杏 286.67 公顷。银杏基地已由原来的劣质低效地变为优质高效地，实现了企业、村庄和农民共富、生态和经济效益的共赢。

2000 年之后，越来越多的企业、社会团体等社会力量也参与水土治理，最终形成了全社会各主体积极参与水土治理和保护的良好局面。造林大户和公司造林已经成为长汀县水土治理、森林恢复的生力军，非公有制造林面积占长汀县造林面积的 85% 以上。据长汀县林业局的统计，截至 2013 年，先后有 20 余家造林公司前来长汀县开展工程化造林，造林面积在 33.35 公顷以上的造林大户达 33 户。种植树种包括油奈、无患子、蓝莓、互叶白千层等经济林，杉木、马尾松等速生丰产用材林。2006~2012 年，长汀县营造林面积 2.42 万公顷。参与营造林的私有公司达 20 余家，造林面积 0.818 万公顷，个体造林大户共造林 1.284 万公顷。涌现了赖木生、兰林金、马雪梅、刘静美等众多从几百到几千亩的本地承包大户。刘静美租赁河田镇红中村水土流失区山场，成立家庭水保生态林场东源林场，造林 298 公顷，吸引了大量的外地企业前来租赁山地植树、种茶、种果。厦门树王银杏制品有限公司在策武乡南坑村租赁154公顷山地种植银杏。福建艳阳农业开发公司在河田、涂坊、南山等乡镇租赁荒山，新植油柰示范林达600余公顷，营造杉木、马尾松用材林466余公顷。福建大青实业有限公司在河田、涂坊以租地形式种植无患子，建立330多公顷生物质能源基地。广东客商在长汀县成立东森林业有限公司，租赁濯田刘坊村水土流失区山场405公顷，开展植树造林。厦门客商在濯田的巷头、丰口、黄坑种植蓝莓达133.3公顷，建成全省种植面积最大的蓝莓基地等。

2012年，中国石油天然气股份有限公司响应中央号召，积极履行企业社会责任，在长汀县投资建立"中石油万亩水保生态林"，成为长汀县水土治理最大规模的社会投资。该项目总投资4317万元、规划面积693公顷，建设地点在水土流失严重的河田镇露湖、明光、朱溪、罗地、伯湖等村，由长汀县林业局负责组织实施，项目建设期为4年。项目区原来树种单一，均为马尾松纯林，生态功能脆弱，抵御森林火灾、森林病虫害等自然灾害能力差，是典型的"远看青山在，近看水土流"。项目采取了"种、补、改"的综合技术措施，栽种了无患子、樱花等具有经济和生态价值的17类树种，提高了森林景观观赏价值和生态效能。通过高起点规划、高标准施工，项目示范片形成了多树种、多层次、多效益的水保生态示范林，最终将形成稳定的森林生态体系和森林景观，成为长汀县森林恢复的示范工程。

国家电网长汀县供电有限公司积极发挥电力作为高效、清洁二次能源的重要作用，承担起了"以电代柴，以电代燃，加快长汀县水土治理"的重任，为转变水土流失区能源消费结构、提高农民生活水平做出了贡献。2000年以来，为彻底转变当地老百姓上山砍柴的习惯，国家电网长汀县供电有限公司共投入建设资金近6亿元，先后实施了农村电网建设与改造、"户户通电"和新一轮农网升级改造等惠民工程，形成了以220千伏变电站、110 千伏环网供电的坚强电网，长汀县电网的供电能力翻了两番。建成了 3 个新农村电气化镇、33 个电气化村，受益农户达 1 万余户。据统计，长汀县约有 70% 的用户用上了电饭煲、电磁炉等新型电气化炊具，彻底改变了当地老百姓上山砍柴的习惯，巩固了水土治理的成果。此外，福建省、龙岩市、长汀县电力公司还组织党员干部到长汀县河田镇露湖村山场开展共植"电力林"活动，由福建省、龙岩市、长汀县电力公司以合作共建形式筹资建设，通过采取出资认种、认养等方式，高质量绿化更新 3.33 公顷山林。

福建农林大学与长汀县签订推进长汀新一轮水土流失综合治理合作协议书，对接 12 个大项目、20 个子项目。中石油出资 4000 万元，在长汀县开展水土流失治理 1 万亩。国家电网福建公司在长汀通过出资认种、认养等方式，高质量绿化更新 50 亩山林。龙岩市林科所也积极投入长汀水土流失治理，十多年来，该所在长汀河田等极强度水土流失山地实施治理示范面积 5000 多亩。

为了广泛发动社会各界力量参与水土治理，普及水保治理科普知识，2000 年，长汀县政府在河田镇露湖村兴建了长汀县世纪生态园（2007 年更名为长汀县水土保持科教园），使之成为各界人士、中小学生接受环境保护教育、支持生态建设的重要场所。整个园区面积 121.2 公顷，种植纪念树 1.5 万株，设立有宣传馆、公仆林、项公广场、试验区、物种园和水土保持研究中心。十年来，各级领导、各界人士踊跃植树种果，形成了丰富多样的植被。每到假日，一批批学生来到科教园观察不同的生物树种，了解水土保持科学知识，体验水土保持治理的历程和取得的显著成效。科教园先后被评为"国家水土保持科教示范园""全国中小学水土保持实践基地""福建省省内水利风景区"，成为集水土保持示范推广、科普教育、观光旅游和对外交流为一体的水土保持风景区和旅游目的地。

参考文献

龙岩市妇联：《妇女顶起半边天，谱写绿色新篇章》，见福建省龙岩市政协文史与学习委编《闽西水土保持纪事》，政府内部资料。

陈发胜等：《青春添彩铸就绿色丰碑》，见福建省龙岩市政协文史与学习委编《闽西水土保持纪事》，政府内部资料。

第五章

综合治理

| 大美汀州 | 生态家园 |

治理水土流失是一门科学。因此，在治理水土流失过程中，在各级党委和政府的领导下，科学规划，科研先行，综合治理，"反弹琵琶"，开辟出一条草灌乔综合治理的新路子。并且坚持社会效益、经济效益和生态效益的有机结合，充分发扬"滴水穿石、人一我十"的精神，做到以人为本，最终实现人与自然的友好和谐，让人民群众在良好的生态环境中生产和生活。

第一节
科学规划

治理水土流失是一门科学。早在国民党统治时期，就有人开始在河田研究和探索如何治理水土流失的问题，进行过试验，撰写过文章。中华人民共和国成立后，人民政府非常重视水土流失的治理，在河田成立了水土保持站，研究并实践了水土保持工作。但真正切实有效地治理水土流失，还是在"文革"以后。

1978 年，党中央召开了科学大会，号召全国人民向科学进军，科学迎来了自己的春天。科学的春风吹到了闽西，吹到了长汀这座山城。长汀县委和县政府重新以科学的态度来规划治理水土流失，1980 年 8月在县委书记林大穆的领导下，组织了有关专家到水土流失最严重的河田，进行了为期一个月的实地考察和研究，以县科协主席康绍泰为队长的考察队经过认真考察，写出了考察报告，向县委、县政府汇报。于是，县委、县政府充分发挥科技优势，统筹规划，制定政策，大力推进生态修复。

广大水保科技工作者深入河田，一边参与治理，一边调查研究，进行科学试验，探索科学的治理模式。他们认识到森林植被破坏是导致长汀县水土流失的直接原因，治理水土，先治山林，水土治理应以恢复森林植被为切入点，采取循序渐进、多策并举的治理措施。

第一，封山育林

长汀县加大封山育林管护力度，1979 年就成立了各级护林组织，建立健全护林村规民约，聘请护林员。长汀县林业部门与社队签订封山育林 2 万公顷合同，全封 5 年，每年每公顷补助 5.4 元。1983 年，自福建省委、省政府把长汀列为全省治理水土流失的试点以来，长汀县开始实行严封禁政策，由县长颁布《封山育林命令》，乡、村通过《乡规民约》和《村规民约》，对水土流失区、生态公益林区等实施全封山，在全封山区域内禁止打枝、割草、放牧、采伐、采脂和野外用火，禁止毁林开垦和毁林采石、采土建设，猎捕野生动物以及未经批准的一切林事活动。1984 年又与乡村签订沿主干公路、汀江两侧第一重山封山育林合同，面积 3.33 万公顷，每年每公顷补助 7.5 元。1988 年，国家对封山育林实行鼓励政策，可以从"支援农村造林补助费"中给予必要的经济扶持。林业企业和国营林场封山育林的经费纳入营林生产费用。

河田把整个村封禁地段划为 60 个责任区，推选出 60 名护林员，一区一人，落实地段，明确责任，奖惩兑现，进一步加强了管山护林工作。按乡规民约，做到"五不准"：不准砍树，不准打枝，不准割草，不准挖树根，不准铲草皮，对违反规定的进行了严肃处理。几年来，真抓实干，处理乱砍滥伐和烧山事件 786 起，罚款 8945 元，罚款放电影 71 场次，没收柴刀 261 把，写检查 45 人次，教育了群众，有力地制止了人为破坏。同时积极推广烧煤，从各方面抓了综合节能工作。5 年中，有 7256 户改烧柴为烧煤，3650 户改用了节柴灶，771 户建了沼气池、太阳能灶；对耗能大的 4 个土陶窑、60 个砖瓦窑，改烧柴为烧煤。通过这些措施有力地保护了山地植被，加速了封闭速度。

2000 年以后，长汀县委、县政府要求对符合封育条件的水土流失地全部采用封育治理，为此发布了《关于封山育林禁烧柴草的命令》《关于护林失职追究制度》《关于禁止利用阔叶林进行香菇生产的通告》等。

2010年长汀县启动实施了重点生态区域封山育林，对城区一重山封育区，河田、新桥两个重点镇一重山封育区，汀江流域、交通干线一重山封育区，饮用水源保护区，圭龙山自然保护区及保护小区等6.04万公顷重点生态区域，实施为期5年的全面封山育林。将重点生态区域划分为492个护林责任区，聘用护林员456名。建立村级监管组织，组建228个村级护林队伍，开展护林管护巡查。县林业部门每年投入水土流失区封山育林资金达115万元。至2013年，长汀县封山育林面积14万公顷，在河田、策武、濯田、南山、涂坊、新桥、大同等7个水土流失重点乡（镇）实行封山育林面积5.19万公顷。

2010年，推进新一轮封山育林工作。对全县重点生态区域90.6万亩实施全面封山育林，层层落实封育责任，全县已聘请护林员441人开展巡山管护。2011年，坚持封育并重，"封、管、造"结合，以管护为重点的森林资源培育策略，对全县生态公益林和90.6万亩封山育林重点生态区域持续落实补植补造和抚育施肥，切实增强生态功能。2013年长汀县封山育林计划全县完成210万亩，其中生态公益林封育116.3万亩，重点区位非生态林封育24万亩，水土流失治理区封育69.7万亩。

第二，植树造林

长汀县林业部门20世纪八九十年代初期开展消灭荒山运动，奠定了长汀县水土流失区植被恢复的基础。县林业部门的造林活动在林业"三定"改革之后逐渐开展。1983~1985年，在河田镇造林3000公顷，封山育林26666.67公顷。1988年，长汀县实施"三五七"造林绿化，举全县之力大规模大范围造林，发动群众投工、投肥、投资上山造林，力求3~5年完成宜林荒地造林绿化，7年内实现绿化达标。1988~1995年，长汀县共完成造林38200公顷，其中1988~1991年三年完成造林更新合格面积3.42万公顷，于1991年提前一年基本完成宜林荒山造林任务，被授予"全国造林绿化先进单位"称号。

1993 年，县林业局租用了东方航空公司安徽分公司两架民用飞机，在河田、三洲和灌田等强度水土流失区的无林地实施飞播造林 8680 公顷。此后，林业部门加强飞播区抚育管理，采取补植补造，落实管护责任，加快了水土流失区的绿化步伐。继续投入大量的人力、物力、财力，在疏林地进行工程造林，共计完成造林更新合格面积 2.04 万公顷。在此期间，引入完成世界银行贷款造林项目，4 年共造速生林 2426.67 公顷。1996~2000 年，以对原有造林区域的管护为主，造林面积仅为 0.95 万公顷，2000 年之后，长汀县鼓励大户造林，造林主体由国营、集体为主，逐渐转向个私、联合体造林为主，动员广大林农投资投劳，开展造林绿化工作。

第三，低效林改造

在治理水土流失过程中，通过实践又探索出了草灌先行，以草促树，乔、灌、草相结合，工程措施和农业技术措施相结合的一套治理模式，获得了成功。

在八十里河小流域低丘侵蚀劣地，通过合欢、刺槐、赤桉、胡枝子、紫穗槐、多花木兰等乔灌混交种植，密度为 300~1200 株 / 亩，乔灌比为 1:3~1:2，取得了改造"小老头松"次生林的经验。

在水东坊取得了黑荆水保经济林（密度为 700~2000 株 / 亩，乔灌比为 1:1.5~1:1）与"小老头松"混交的经验。

在罗地采用的方法是以草（马唐、金色狗尾、圆果雀稗、鸡眼等草类）先行，以草促树，草灌乔结合，达到快速覆盖地表的目的。

在五里岗极强度流失区，建立了水保治理示范场，该场共修建水平梯田 1057 亩，种茶树 404 亩、柑橘 300 亩、杨梅 100 亩、秋白梨和绿竹经济作物 1228 亩，变水土流失区为经济作物区，1987 年产值达 40.01 万元，实现了治理、开发、利用相结合。

在严重的侵蚀山地、崩沟、崩岗，根据不同地理条件和植被情况，布设坡面工程等。这些经验都对河田地区的水土流失治理起到了积极的作用。2000~2013 年，种植生态林草 11996.1 公顷，低效林改造 9149.2 公顷。

第四，林草措施与工程措施相结合

1985 年以后，长汀又推行以林草措施为主、林草措施与工程措施相结合的治理模式。1985 年种草 183 公顷，修整水平地 130 公顷，水平条壕（沟）50 公顷，水平带 387 公顷，挖大穴 100 公顷。1991 年，工程完成水平阶整地 5576 亩，挖鱼鳞穴 7245 亩；种植林草 3565 亩，其中，黄栀 747 亩、赤桉 216 亩、胡枝子 55 亩、木荷 1922 亩、山楂子 6 亩、草 248 亩、板栗 371 亩。1988~1991 年，共计种植牧草 2428 公顷。工程措施中台地 1333 公顷、小条壕 1333 万亩、全垦松土 2533 公顷，挖大穴 4000 公顷。1996~2000 年，种植生态林草 11573 公顷，经济林果 5267 公顷。2000 年以后，随着为民办实事项目的资金大量投入，林草与工程措施相结合开始应用于一定的范围，形成一定的规模。2000~2013 年，种植果树 3383 公顷，梯改坡 1080 公顷，崩岗治理 975 条，建蓄水池 1863 口、塘坝 84 座、节水渠 229.7 千米。

第五，实施承包治理责任制

承包治理形式主要有以下几个。①分户承包治理。政府在种苗、肥料方面进行适当的支持（每亩 10 元左右），个人治理管护，收益归农户所有。其治理面积约占治理总面积的 60%。②联户承包治理。收益按农户投成比例分配，其治理面积约占总面积的 20%。③统一治理，分户管护。国家补助种苗、肥料，分户按统一规划的要求治理，收益大部分归群众，国家、集体回收成本。其治理面积约占总治理面积的 10%。④集体承包治理。如兴办村一级的集体水保林果场等，收益按投入比例分配。其治理面积约占治理总面积的 10%。

在实施承包治理责任制中，逐步完善和落实了各方面政策。一是落实了林业"三定"政策，确定了山林权，划定了自留山；二是制定了国家支持与群众投工相结合政策，规定每年每劳投 10 个治理工；三是坚持了"谁治理、谁种植、谁得益"和"长期经营，允许继承、转让"的政策；四是对农民的自留山按照统一规划、连片治理的要求，制定落实了限制治理的制度，在限期内不进行治理的坚决收回，转给他人经营治理。

第六，治理与开发利用相结合

20 世纪 80 年代主要采用以草先行，草、灌、乔相结合的生物治理措施，经济价值低。在大规模造林、种草进行治理的同时，县委、县政府又对水土流失地进行开发与利用相结合的探讨，决定在河田五里岗水土流失区创建一个茶果场，作为治理与开发利用相结合的试点，取得经验后，再进一步推广。

茶果场位于河田镇南面，距镇所在地 2 千米左右，全场分布于 12 个大小山头之间，河岩公路横穿而过，将茶果场一分为二。场内最高点海拔 310 米，山头坡度平缓，光照充足，总占地面积 1224 亩。山地土壤属侵蚀性粗骨红壤，土层深厚，但其理化性质甚差，有机质含量仅 0.05%，全氮 0.016%，全磷 0.25%，年平均气温 17℃~19.5℃，极端低温 -4.6℃，极端高温 39.8℃。据 1983 年观察资料记载，夏季地表 0 厘米极端高温达 68℃。年平均降雨量约 1700 毫米，且分布不均。4~6 月占全年降雨量的 50% 左右。无霜期 265 天。主要植被只有稀疏的"小老头"马尾松及零散鹧鸪草，马尾松平均密度为 170 株 / 亩，十年生马尾松仅高 50~60 厘米，郁闭度小于 0.1。山地侵蚀模数为 5310 吨 /（千米^2·年）。这是一个基岩裸露、沟壑密布、树难长草不生的极强度水土流失重灾区。

开发后的五里岗变水土流失区为经济作物区，茶果场主要分茶叶、柑橘、杨梅、苗圃等区。此外，还有作为防护林带而栽植的秋白梨 3000 多株，白条青皮竹 6 万多株。由于园地套种和茶果园枯枝落叶的归还，加上人工耕作，土壤中的有机质和无机养分得到提升，据该场测定，园地土壤有机质、速效氮、磷、钾含量逐年提高，生态逐步恢复平衡，变恶性循环为良性循环。场内发展到 120 多种植物，引来各种动物 70 多种。

其中鸟类 11 种、昆虫 45 种、爬行类 6 种、哺乳类和蛙类 5 种、蜘蛛 4 种。昔日不闻虫声、不见鼠迹、飞鸟不栖息的那种荒芜情景一去不复返了。

茶果场自开办以来，政府各部门共投资 110 万元。该场由于种植面积不断扩大、产量不断提高，利用不断向纵深发展，截至 1998 年共创值 269.02 万元（主要收入方面有茶叶、柑橘、各种苗木、茶果园套种、水稻、加工服务业及各种副业等）。现有固定资产 22.36 万元（茶果园未折算在内），几年来为国家提供税收 20 余万元，截至 1988 年下半年，收回茶果园投资。1987 年已实现自给，产值达 40.01 万元，实现了治理、开发、利用相结合。

河田茶果场不但获得了显著的经济效益，也获得良好的社会效益。第一，为全县水土流失区发展茶果生产提供了一个典型的样板，起了良好的示范作用。由于该场是在强度水土流失的不毛之地建立起来的，其成了茶满山、果满园的生财之地，在社会上引起了很大的反响，群众目睹了这一变化，大大增强了对水土流失区的治理、开发、利用的信心。第二，增加了就业机会。该场有固定职工 136 人、干部 9 人、合同工 232 人、家属工 40 人。此外每年农忙季节还要从社会上雇 3000~4000 个工作日的季节工。第三，增加社会商品，调节市场需求。从 1985 年至 1988 年为社会提供毛茶 11 万多公斤、柑橘 64 万多公斤。第四，增加了国家财政收入。从开始投产至 1987 年就为国家提供近 20 万元的税金。

1992 年之后，长汀县对开发与治理的认识出现了重大转变。水土流失区不再仅仅被认为是长汀县经济社会发展的负担，水土流失区缓坡地成为长汀县今后山地开发的潜力所在。整个 90 年代，长汀县水土治理紧紧围绕治理为经济建设服务这一宗旨，坚持一手抓治理，一手抓综合开发；做到点面结合、生态效益与经济效益结合；坚持林、果、草、长、中、短结合，重点发展果业，从而提高单位土地面积的生产力和经济效益。政府向开发性治理的转变助推了四荒拍卖和林地流转，并且组织 18

个县直机关到水土流失区开展开发性治理。政府将越来越多的资金、技术、政策扶持向种果转移，带动了农民、企业、专业大户、企业职工等对水土流失区林果种植的投资。1991~1995 年，长汀县累计种植经济林果面积 475.87 公顷，经济开发型治理占总治理面积的比例由 20 世纪 80 年代的 1.3% 增长到 14.7%，占强化治理面积的 30%。

20 世纪 90 年代以来，长汀县政府把水土治理与培植农业特色产业结合起来。政府主导并引导群众建立了杨梅、板栗、油茶、银杏、蓝莓等一批优质高效的现代农业生产示范基地，昔日的"火焰山"已转变成为今日的绿满山、果飘香的美丽家园。以三洲杨梅产业发展为例，长汀县林业局试种浙江东魁杨梅成功后，在长汀县政府的部署下，建成万亩杨梅基地，引导农民种植杨梅 563.53 公顷，年产杨梅 3000 余吨、产值达 5000 多万元。在重点水土流失区建成了各类示范基地，如南坑 153.34 公顷福建省银杏科技试验园、河田露湖千亩板栗示范基地、河田红中家庭示范林场、涂坊万亩油茶基地、濯田千亩蓝莓基地等。这些基地有力地带动了林产业发展和林农致富，巩固了水土治理成效，探索出了一条可持续发展的水土治理之路。

经过多策并举、综合治理，长汀县取得了以下几方面的成果。

1. 保持水土。治理采取小台地、小平沟、条壕等工程措施，拦蓄地表径流，同时又加上乔灌草生物措施，多层次的林冠拦截暴雨直接冲击地表，使雨滴分散缓慢地溅落地面，增加雨水的渗透作用，效果显著。如崩沟内干砌石谷坊，集水面积 0.93 公顷，谷坊内淤积泥沙量 26.97 吨，平均含水率 7.11%，每年每公顷平均流失量 4.49 吨，侵蚀模数 44.9 吨/（千米^2·年）[治理前 8580 吨/（千米^2·年）]，治理后每年每公顷减少土壤侵蚀量 81.32 吨，降低 94.8%。水样测得，每立方米径流中含悬移质，治理前后对比，降低 97.9%。治理区内外土壤水分也起了变化，晴天时治理区内土壤含水量高于治理区外 28%~91%，而在非暴雨的降水后，治理区土壤含水量低于非治理区 45%~71%。这足以说明林冠拦截降水和土壤保水能力增强。

2. 提高地力。生物措施中注重豆科乔灌品种，如刺槐、合欢、胡枝子，这些品种具有固氮自养能力，且凋落物多，分解较快；通过营造混交林后，土壤的化学性质有效改善，土壤有机质比治理前增加 75%~138%，速效氮增加 35%~171%，速效钾增加 35%~96%，速效磷增加 3~67 倍。

3. 小气候得到改善。因林木郁闭减少了太阳辐射和阻止了大气湍流，因此林内温差变小、温度增加。林内外气象因子的差异，表现在冬天上午 8 时林内气温、地表温度明显高于林外，夏季晴天下午 14 时林内气温和地表温度明显低于林外，夏季雨天林内气温和地表温度则高于林外。这就说明林内升温慢，降温也慢，温度变幅小。

4. 促进马尾松生长。营造的速生豆科树种，当年就达 40% 以上，改善了生态环境，使马尾松生长加快。头二年刺槐和合欢都是各自组合中的主要树种，在单位面积上它们的株数和高度都占优势，第三年刺槐、合欢、马尾松的树高基本相等，第四年以后马尾松超过刺槐和合欢，成为林分中的优势树种。

5. 直接经济效益好。1981~1982 年营造乔、灌混交林投资 1122 元 / 公顷（包括整地、肥料、种苗、种植等费用），运营费 570 元 / 公顷，合计 1692 元 / 公顷。直接经济效益（薪材和建材）5431.6 元，净收益 417.75 元 / 公顷（经济期 1988~2000 年），经济效益费用比为 3.5:1。

治理山林，也治理贫困。世代深受水土流失之苦的长汀人民把水土流失的治理与反贫困、地方发展、农民致富相结合，政府和农民在地方发展、农民致富上达成了共识，这是长汀水土流失区森林景观恢复的关键。通过调整能源需求结构和产业结构，发展纺织服装、稀土深加工、机械电子等产业，提供非农就业机会，转移水土流失区剩余劳动力人口，以减轻生态承载压力和水土治理压力，同时发展果业、养殖业、农副产品加工业等农林复合经营及生态旅游，以森林景观恢复的方式使百姓脱离贫困、提高收入水平，使当地贫困人群摆脱了对自然资源的经济依赖。

第二节
"反弹琵琶"

在 30 余年大规模生态建设实践中，长汀经历了 20 世纪 80 年代的植树造林，90 年代经济林发展，到 21 世纪初农林复合经营发展的历程。2000 年以来，长汀开展了新一轮的水土流失治理，用"反弹琵琶"的理念指导治理水土。

所谓"反弹琵琶"，即求异思维，就是运用辩证唯物主义的理论，坚持客观与主观相统一的观点，通过逆向思维的方法，在不违反时代精神和科学常识的前提下，对思维定式"逆转"，客观分析事物内部普遍、稳定的本质关系或本质之间的关系，实现各种生态经济型农林复合经营。

运用"反弹琵琶"理念治理水土流失，就是分析植被"常绿阔叶——针阔混交——马尾松和灌丛——草被——裸地"的逆向（退化）演替规律，提出植被重建的原则、计划与模式，按不同坡度水土流失的程度，进行逆向综合治理：种树种草增加植被，"老头松"改造改善植被，全面封禁保持植被，种茶种果改良植被，变生态系统的逆向演替为"裸地——草被——马尾松和灌丛——针阔混交——常绿阔叶"的顺向进展演替。

一、种树种草，增加植被

1. 小穴播草，草本先行。冬季在山顶、山脊的幼松地块，挖播种穴，打碎土块，整成平穴，次年春季用宽叶雀稗草籽或百喜草、有机复混肥、稻田土拌匀后，直接播于穴面上以快速增加草被覆盖率。

2.草、灌、乔混交。对原山坡草地植被稀少、覆盖度小于30%的流失地块，草、灌、乔齐上，以草灌促林，先让草灌改善原有"老头松"林地环境，促进乔木的生长。草种可用百喜草、宽叶雀稗等，灌木为胡枝子等，乔木有木荷、枫香等，灌乔植苗，草籽播于地埂上，形成灌草结合的空间层次。

3.乔灌混交。对原山坡地草被稍好，地表覆盖度在35%以上的流失地块，增加乔灌品种，选用耐旱、快速生长的阔叶树种，增加阔叶成分，如木荷、杨梅、枫香等，利用多树种混交的模式，加快植被的重建，以期达到改造单一的针叶林，形成针叶树与阔叶树混交，乔、灌层次稳定的结构。

4.经济林与水保林混交。对有一定灌草植被、覆盖度大于60%而无树的稀疏山坡地，补植阔叶树，增加针阔混交比例，改善林分结构，促进老头松生长。对于树种选择，遵循地带性规律，选择乡土树种，浅根与深根，常绿与落叶，喜阴与喜阳，阔叶与针叶，合理搭配，优化配置，达到涵养水源、层次分明的景观生态效果。

二、低效老头松改造，改善植被

针对水土流失区（立地条件较差的中度流失地，及立地条件较好的强度流失地）马尾松林地林下无草灌或少草灌，不能发挥应有的生态效益的特点，在治理中大力推广抚育施肥，对"老头松"加以改造，促进老头松生长，促进其他伴生树草生长，增加生物增长量。

三、种茶种果改良植被

在坡度较缓、土层深厚的山脚、山窝流失地种茶、种果，发展经济林，以短养长，增加收益，以实现小流域内经济、生态和社会效益。果树品种可选择杨梅、板栗等。要高标准整地，精心设计，精心施工，做到前有埂、后有沟。采取等高种植，并在田埂上种植百喜草，田面套种豆科植物，如花生、大豆等，使开发治理的径流泥沙，被沟、埂、草层层拦截，地表径流被层层降速，就地渗透，达到泥沙不下山、雨水不冲埂的效果，有效地起到蓄水保土作用，土壤侵蚀基本得到控制，大大改善了治理地环境，从而促进果树与草被及套种经济作物的生长，实现了当年开发治理，当年有经济效益。

对山腰种植果树、山顶植被较稀疏地块，在果园的截水沟上方，进行"山顶戴帽"，种植胡枝子或木荷，组成乔灌混交林。在整地过程中，保留原有马尾松，种植胡枝子、木荷、灌乔，施垃圾肥、复合肥。

以上创新的"反弹琵琶"重建植被模式有力地促进了水土流失治理工作的开展，充分说明了只要我们按规律办事，从实际出发，采取有效措施，流失区植被完全是可以恢复的，流失区穷山恶水的面貌是可以改变的。

长汀这种"反弹琵琶"创新治理模式，在全省乃至全国独树一帜。正如中国工程院院士冯宗炜所说："长汀'反弹琵琶'治理法是顺应自然规律的，是生态由逆向演替向顺向演替转变的理念。"

第三节
滴水穿石

治理水土流失是绿色革命，是生态革命，曾经几番沉浮，几多反复，几代人孜孜不倦地追求。

清末年间，钟屋村一座青砖黑瓦老屋的柱子上，书写着一副对联："种树类培佳子弟，拥书权拜小诸侯。"这是一位钟氏老先生写的，表达了他对子孙的期望，对植树造林的理性思考，也反映了我们的先辈曾经对绿色革命的期盼。似乎冥冥之中就有天意的安排，100年后，就是这位老先生的一位后人，担任了长汀县水保局局长，乐此不疲地带领人们治理水土流失。

是的，伟大的绿色革命，是先辈的愿望，几代人为此不懈努力。人们对于绿色的认识，对环保、生态、可持续发展、科学发展观，要经过多少反复、曲折、挫折和教训，才有一个从感性到理性的认识。然而人们从每一次反复中都接受一次深刻的教训，不断探索，不断总结经验，持之以恒，义无反顾地治理水土流失，终于迎来了绿色的春天。

说起来，长汀治理水土流失经历了相当漫长的时间，大致有三个阶段。

第一个阶段是从中华人民共和国成立后到1976年，长汀的水土流失治理起起落落，治了毁，毁了治，这是一段兴衰并存时期。人们经历了彷徨和痛苦，但更多的是反思。

滴水穿石，人一我十，治理水土！

中共长汀县委、长汀县人民政府

● 发扬滴水穿石精神

　　中华人民共和国成立初期至改革开放前是长汀县水土治理和植被恢复的起步阶段。1949年12月，长汀县新政权成立之初，就决定组建"福建省长汀县河田水土保持试验区"，开展以群众性封山育林及植树造林为主的水土保持工作，涌现了一大批造林、禁山先进模范个人和农民小组。1956年6月，组织进行了河田地区水土流失调查。1958年，制订了《长汀县水土保持规划》，确定以河田为重点开展水土保持工作。到1958年末，累计造林4245公顷，封山育林12000公顷，修建水土保持谷坊60座，挖鱼鳞坑16万余个。大片山头出现了郁郁葱葱的幼林，不少地方招来飞禽走兽，开始改变昔日不闻鸟声、不投栖鸟的凄凉景象。1958年"大跃进"运动，全民大炼钢铁，出现严重的大面积滥伐森林，长汀县森林遭受一次毁灭性破坏，已营造的大片林木被毁，水土保持事业遭受严重损失。

　　1962年，中央做出了加强水土保持工作的指示，长汀县成立了"县水土保持办公室"，又成立了"河田水土保持站"，主要结合群众性封山育林及植树造林进行水土保持工作。在河田镇建立了试验基地，开展了夏季绿肥、丘陵坡地耕作等技术研究，还进行经济林果、茶叶等引种栽培试验，并且采用小台地、小水平沟方式进行整地。据统计，1962~1966年累计种植乔、灌、草2500公顷，开水平梯田107公顷，修建土谷坊1172座、石谷坊18座，水土治理取得较大成效。这一时期的治理与试验研究工作取得成效，为后续水土保持积累了宝贵的经验。

1966~1976年十年"文革"时期，社会管理失控，各地乱砍滥伐、毁林歪风大兴，使长汀县森林资源遭受中华人民共和国成立以来第二次大破坏，各项水土治理工作基本停顿，水土保持事业再次陷入倒退。可见，本阶段是水土治理的起步期，由于资金严重缺乏，基本靠群众投工投劳，且治理工作几经反复，收效甚微，但积累了一些宝贵经验。

党的十一届三中全会后，水土保持工作又迎来了新的春天，从1980年到1999年是长汀水土流失治理的振兴时期。这是第二个阶段。

改革开放前期，是水土治理和植被恢复的阶段。技术上采取以工程促生物、以生物保工程和高密度、多树种乔、灌混交治理模式。1983年4月2日，福建省委书记项南到长汀县河田镇视察水土保持工作，总结出著名的《水土保持三字经》。同年5月，省政府下文将河田列为全省水土保持工作的重点，决定从1983年起，财政每年投入50万元给河田镇（原河田公社），其中30万元用于群众烧煤补贴，20万元用于苗木补助；并组织省林业厅、水保办、水利厅、农业厅、福建林学院和林科院及龙岩地区行署、长汀县政府共"八大家"联合支持河田水土治理事业。由此为起点，开始了至今长达30多年的长汀县水土治理工作。

1986年，水利部把长汀县河田列为南方小流域治理示范区，"七五"期间长汀县被列入国家以工代赈治理水土流失的受援县，展开了大规模的水土治理攻坚战，水土保持工作从河田扩大到三洲、濯田、策武、南山、涂坊、新桥等乡镇，累计治理水土流失面积3万公顷。公路两边、河流两岸大部分的荒山已"由红变绿"，这一时期以开发促治理，以治理保开发，通过开发性治理合理利用水土资源，增加经济效益，调动群众治理的积极性，调整土地利用结构，巩固治理成果。

1999年长汀县水土流失总面积70364公顷，比1985年的97479公顷减少27115公顷；水土流失率由31.5%下降到22.7%，下降了8.8个百分点。本阶段各级政府逐步加大投入，并进行了治理机制改革尝试，积累了丰富的水土治理经验，总结出许多适合当地水土保持综合治理开发的先进技术，取得了较好的生态和社会效益。但是也存在一些问题，主要是进入20世纪90年代后，治理成效趋小，局部地区水土流失仍在加剧。

2000年以后，长汀水土流失治理进入第三阶段，这是走向辉煌的时期。

1999年11月27日，时任福建省省长习近平同志到长汀县视察水土保持工作。他为长汀县干部群众几十年来坚韧不拔治理水土流失的意志深深感动，也对存在的困难和问题深感忧虑。在他的亲自倡导下，2000年福建省委、省政府决定，2000年、2001年两年将长汀县水土治理列为"为民办实事"项目。2001年10月13日，习近平同志再次到长汀县，再次做出决策，"再干八年，解决长汀县水土流失问题"。于是，省政府对长汀县连续10年、每年补助1000万元，开展了以小流域为单元的水土流失综合治理。

长汀县政府健全治理工作领导机构、完善工作制度、明确目标任务、建立督察机制，充分发动群众，掀起了新一轮水土治理热潮。据统计，2000~2009年10年间，长汀县共投入水土治理专项资金20568万元，其中中央、省级10439万元，市级1900万元，县级181万元，群众投资投劳8048万元。如此巨额的资金投入，使长汀县水土治理取得历史性突破。2010年该县水土流失面积下降到32249公顷，比1999年减少8115公顷；水土流失率下降到10.4%，比1999年下降了12.3个百分点。特别值得庆幸的是，2010年重度水土流失率合计为2.1%，比1999年的5.9%大大降低。这说明，这一时期的治理不仅在总量上减少了水土流失面积，而且在遏制强度水土流失方面取得更大成效。本阶段各级政府高度重视，各级财政大力投入，采取多种形式的有效措施，治理工作取得了显著成绩，长汀县治理水土流失面积 7.85 万公顷，减少水土流失面积 4.22 万公顷，有 9 个乡镇、22 条小流域、118 个村、21 万人得到治理实惠，基本实现长汀人百年绿色之梦。

到 2011 年，长汀县治理水土流失面积 78533.33 公顷，减少水土流失面积 42200 公顷，森林覆盖率由 1986 年的 59.8% 提高到 79.4%，1985~2012 年累计治理水土流失面积 7693 公顷。

长汀水土流失治理，经历了探索、示范、推广，任务十分艰巨，困难也很大，但是人们没有畏惧，不为任何困难所吓倒，不因任何压力而后退，心往一处想，劲往一处使，发扬艰苦奋斗精神，勇往直前。党的关怀给长汀人民以极大的鼓舞，在省委、省政府的支持和帮助下，广大干部以治理水土流失为己任，一任接着一任干，常抓不懈，持续推进；广大群众发扬勤劳朴实、坚韧不拔的优秀品质，把水土流失治理作为一项自觉行动，全身心投入水保事业中，顽强不屈，战天斗地；广大科技工作者也甘愿为水土流失治理奉献青春，默默坚守在第一线工作。

长汀县为治理水土流失咬定青山不放松，一点一滴地进取，造就出滴水穿石的奇迹，被人们称颂为"滴水穿石，人一我十"的奋斗精神。

第四节
以人为本

水土流失主要是人为破坏造成的。从源头上说，长汀的水土流失是"烧出来"的。历史上，长汀老百姓一日三餐的燃料，都是靠上山砍柴割草来解决。

20世纪60年代以前，不仅长汀农村靠上山砍柴割草解决燃料问题，就是县城的百姓、机关单位、学校也都是靠柴草来解决燃料问题。那时候，每天黎明，成群结队的砍柴大军迎着晨曦上山砍柴，成为长汀的一道晨景。在县城的东郊、西郊和汀江沿岸，有非常热闹的柴草市场，谁也无法统计那时全县一天要烧掉多少柴草。一直到70年代，煤炭进入了长汀，政府开始推广烧煤。但大多数县城老百姓仍然上山砍柴，因为贫困的家庭舍不得花钱买煤烧，还是愿意用不花钱的柴草。

既然是"人为"，则需要在人身上寻找原因。治土、治水，关键还是治人的思想。所以在治理水土流失过程中，必须坚持以人为本，惠及民生，促进发展。长汀把治理水土流失作为"民生工程"、"生存工程"、"发展工程"和"基础工程"，把改善生态和改善民生结合起来，治理水土流失与发展县域经济相结合，治理荒山与发展特色产业相结合，注重改善人民群众的生活条件。

坚持以人为本，首先以解决群众生计问题为前提。为此，长汀县针对"烧"的问题，采取两个办法：一是"堵"，二是"疏"。

"堵"，就是严禁乱砍滥伐。政府制定《关于封山育林禁烧柴草的命令》《关于护林失职追究制度》等生态保护规章制度，加强宣传态势，加大宣传力度，强化干群"守土有责"的意识。做好面向公众、面向校园、面向企业的宣传活动，利用报刊、电视等媒体加大宣传，以提高人们对封山育林、治理水土流失的认识。

"疏"，就是引导群众用烧煤代替烧柴。政府建立了群众燃煤补贴制度，从解除群众生产生活使用燃料的后顾之忧入手，烧煤由政府补贴，建沼气池由政府补助，引导农民以煤、电、沼代柴，从根本上解决群众的燃料问题，从源头上阻止农民烧柴对植被的破坏。组建了专业护林队伍，形成了"县指导，乡统筹，村自治，民监督"的水保护林机制，保证水土流失治理能顺利进行。

坚持以人为本，还得以改善农业基础条件为切入点，把改善生态与改善民生结合起来。为了惠及民生，让群众得到实惠，建立了山林权流转制度，谁种谁有，谁治理谁受益，不仅鼓励公司、农户承包、租赁，还鼓励干部带头承包荒山种果种茶，凝聚社会各方力量共同开荒治荒，让广大群众在治理水土流失中得到实惠。同时，大力发展"草牧沼果"循环种养。增加种草环节，拉长循环链，以草为基础，沼气为纽带，果、牧为主体，形成植物生产、动物生产与土壤三者连接的良性循环和优化的能量利用系统，从而实现对水土流失的治理，增加农户收入，提升经济效益与生态效益。

坚持以人为本，就是把治理荒山与发展特色产业结合起来，努力做到水土流失治理和经济发展紧密融合，促进水土流失区经济发展和生态改善，使治理水土流失成为民生工程、生存工程和发展工程。因此，对种植养殖大户多加鼓励，并且加大扶持和帮助的力度。

濯田乡政府在这方面做得很好。有一年，村民马雪梅种植板栗失败了，乡里的干部闻讯马上赶来，不仅给了她极大的精神鼓励，还帮助她贷款6万元买肥料，建猪场，做沼气池。乡政府又投资建了一条1000多米的上山水泥路，支持她买了一部吸粪运输车。在乡政府的支持和帮助下，马雪梅有了信心，重整旗鼓，在山上重种果树，又建起了出栏上千头的养猪场，实施了"猪——沼——果"养殖模式，草喂猪，猪下粪，粪变沼肥，供养果树。4年后，板栗开始挂果了，其他的果树也挂果了，而且挂果率逐年提高。几年后，马雪梅不仅还清了债务，还建了新房，买了一部车。

三洲乡党委和政府根据当地土壤富含稀土元素的特点，在全乡大力推广种植杨梅，自2000年以来，引进了浙江东魁杨梅树种，又大力推广"猪——沼——果"生态种养模式，用丰富的有机肥改善杨梅的品质。全乡种了1.2万亩杨梅，获得了巨大成功，东魁杨梅在三洲乡安了家，不仅有效地治理了水土流失，还大大地增加了果农的经济收入。

为了拓展市场，乡政府接着引导果农成立杨梅产销协会，一方面对杨梅产业的发展进行指导和管理，另一方面又逐步壮大营销队伍，建立杨梅销售市场。他们还把杨梅加工成杨梅酒，提高了杨梅的附加值，并且引进瑞丰农业发展有限公司投资5000多万元，在长汀腾飞开发区新建果品加工厂，实现"产——供——销"一条龙，从而进一步提高了果农的积极性。

河田镇大力发展"草牧沼果"循环种养生态农业、高效农业，又培育出了"盼盼""远山"等一批省级农业产业化龙头企业，既促进水土流失治理，又有效拓宽了农民增收渠道。

治理水土流失的目的就是造福人民，最终实现人与自然的友好和谐，促进生态文明发展，实现经济快速增长，让人民群众过得富裕，在良好的生态环境中生产和生活。30多年来，特别是近10多年来，长汀县水土流失治理取得巨大成效，全县有6个乡镇95个行政村近17万人受益。

参考文献

童大谦:《河田水土流失治理与开发利用相结合路子的探讨》,见福建省龙岩市政协文史与学习委编《闽西水土保持纪事》,政府内部资料。

曾河水等:《"反弹琵琶"与水土保持》,见福建省龙岩市政协文史与学习委编《闽西水土保持纪事》,政府内部资料。

中共长汀县委、县政府:《滴水穿石,持续开展水土治理》,见福建省龙岩市政协文史与学习委编《闽西水土保持纪事》,政府内部资料。

第六章

人物风采

| 大美汀州 | 生态家园 |

长汀是一片充满英雄传奇的土地。在治理水土流失的过程中，客家儿女创建了许许多多可歌可泣的先进事迹，涌现了许许多多模范人物。他们中，有竭尽全力，为追求一个绿色的梦做出毕生贡献的刘福鉴、傅锡成；有心系百姓、退而不休，为种植银杏不辞辛劳的廖英武；有不怕艰难困苦，与杨梅结下十年情缘的林业干部范小明；有推广"猪—沼—果"模式，让村民富起来的领头雁沈腾香；有"荒山种果三十载，年届花甲不言弃"的种果大王赖木生；有坚守荒山，让600亩果茶飘香的马雪梅；有建立板栗基地，治山致富的女强人赖金养……是他们，在荒山沟壑中，刻下了客家人治山治水顽强不屈的烙印；是他们，在"滴水穿石，人一我十"的生态文明建设中，奏响了最华美的时代乐章。

第一节
追梦的人

"我一生有两个愿望,一是为国家的水利水电事业努力工作;二是为家乡的发展做出一点贡献。"这是刘福鉴常挂在嘴边的一句话。

刘福鉴是水力部长汀籍水利专家,几十年来,这位热心的水利专家始终心系故里,先后组织在京数百名乡亲,开展了几十项支乡工作,帮助家乡争取了几十亿元发展资金,特别是他与长汀水土保持的那段情缘被家乡父老乡亲传为佳话。

1983年1月,刘福鉴回到河田老家探亲,目睹家乡水土流失的严重,心情非常沉重。为此,他走访了许多乡亲,还走访了县水保局,了解到很多情况,得出一个结论:群众贫困的根源就在于严重的水土流失。于是,回京后,他便写了一份题为"对长汀县河田公社搞好水土保持的几点建议"的调研报告,回顾了河田水土流失的历史,分析了造成河田水土流失严重的原因,并提出了治理河田水土流失的五点建议。

调研报告写好后,刘福鉴送请时任水电部部长钱正英参阅。钱部长十分重视,于同年6月24日批示:"此件很好,请农水司考虑是否摘登水土保持杂志,或转送长汀县参考。"后来,这份调研报告全文刊登在1983年第6期《中国水土保持》杂志上,引起各级领导高度重视,并得到有关部门的大力支持。

1986 年，水电部将长汀河田列为南方小流域治理示范区，采取以工代赈办法支持长汀开展水土保持工作，主要着力于以河田为中心的刘源河、马坑河等 7 条小流域治理，每年折合投入 70 多万元资金，5 年共计 375.8 万元，产生了很好的生态效益和经济效益。1989 年 7 月 16 日至 19 日，水利部（原水电部）还在长汀召开了南方六省和 17 个县以工代赈工作座谈会，长汀县政府在会上介绍了"绿化荒山保水土，治穷致富打基础"的经验。

刘福鉴始终关心并支持长汀水土保持工作，进入 21 世纪后，年逾花甲的他依然用自己的一片真情为家乡生态建设尽力。

2000 年，刘福鉴响应长汀县委、县政府的号召，积极参加"长汀河田世纪生态园"捐款植树活动，回京后，他又动员在京乡亲和闽西老促会领导参加这项活动，共发动 47 人捐款 5700 多元。

2011 年初，中央发出了《关于加快水利改革发展的决定》一号文件，同年 7 月，全国水利工作会议召开。党中央、国务院决心用 5~10 年时间，根本改变水利严重滞后的局面。瞄准这一契机，同年 10 月，刘福鉴带领相关水利、林业专家到龙岩市各县（市、区）开展专题调研，深入了解革命老区群众最关心、最迫切需要解决的水利问题。这次刘福鉴又来到长汀河田考察水土保持工作，察看刘源河小流域治理情况。之后，调研组形成了《龙岩市水利调研报告》，建议把"长汀水土保持科教园"建成"中国南方红壤区水土流失治理研究推广中心"，同时，切实搞好汀江源头生态保护。这份调研报告，受到水利部部长陈雷和龙岩市委的高度重视，并作出重要批示。

2002 年，刘福鉴还为长汀河田、三洲、濯田、策武、涂坊、南山等汀南 6 个乡镇争取到水利部农业发展基金 800 万元，用于灌区改造。

拳拳赤子心，浓浓家乡情。在离乡的 58 年里，刘福鉴先后回乡 30 多次，每次回乡都非常激动，总要去察看水土流失治理的情况，想尽办法为家乡多做贡献，追求的是一个绿色的梦。

其实，当长汀的水土流失达到极为严重的程度，又有多少人像刘福鉴一样，在追求一个绿色的梦啊！

长汀还流传着另一个动人的故事——

1963 年夏。福建师院地理系本科毕业生傅锡成，风华正茂，踌躇满志，心头骚动着豪壮的"到中流击水，浪遏飞舟"的理想和憧憬。他和同班 10 名同学作为首批分配的水土保持干部，匆匆地参加了全省水土保持会议，又匆匆地随同林学院、农学院的一批老师、学生来到了长汀河田搞水土保持调查。毕业后，傅锡成来到河田水土保持站报到，9 月初就在自己的分片属地开展起了水土保持工作。

那时，条件还很艰苦，农村还没有电灯。一盏马灯伴着他走村串户，召集村民开水土保持动员会。他耐心细致、深入浅出地讲解水土流失的恶果，让村民知道水土保持的好处；他循循善诱地介绍河田历史，以唤起村民对 100 多年前柳村（河田原名）的记忆。他说，从前的河田山清水秀，土地肥沃，森林茂密，柳竹成荫，拥有"五通松涛""铁山拥翠""帆飞北浦""绿野丰畴""云雾宝塔""柳村温泉"等诸多美景，现在却变得山光水瘦，河比田高，日子越来越苦，这都是水土流失带来的祸呀！

在傅锡成耐心细致的宣传动员下，村民大大提高了水保意识，大家再也按捺不住了，纷纷加入了治理水土流失的队伍。几百人、几千人扛起锄镐浩浩荡荡杀上"火焰山"。一山又一山地挖鱼鳞坑以拦沙蓄水，一山又一山地植树造林，欲让秃林披绿装。河田开始进行一场自觉的水保之战。

然而，历史竟一时如醉汉般地驶进一段误区。中国大地开始经受一场浩劫，河田也不例外地卷进这场灾难。水保机构被合并，水保工作转移到以经营林苗为重点，水土保持工作基本停顿；林权又被打乱，毁林歪风盛行；水保治理雏形复遭浩劫，刚刚升起的绿色梦破灭了。河田陷入"山光人穷，愈穷愈光"的恶性循环的境地。可怜的零零星星的十几年才长一米高的"小老头松"在摇头叹息，摇出一片凄凉，叹出一阵阵令人窒息的沉重。

这时，亲人们执意要他调回家乡。好心的同学好友劝他赶快改行，父母亲四处托媒说亲，好让他娶妻成家。但是，傅锡成婉言谢绝了好友们的关心和亲人的爱意，提笔写上郑板桥的诗句："咬定青山不放松，立根原在破岩中。千磨万击还坚劲，任尔东西南北风"，以表达自己对水保工作的忠贞不渝。

他的足迹踏遍了河田每个沟沟壑壑，他的身影闪现在河田每一座山岭，他整理了大量的第一手资料，拟设了多方面的治理办法和几十万字的材料，为有朝一日再兴起对河田的水土流失治理准备了可靠的依据。他相信：长风破浪会有时，直挂云帆济沧海。

1969 年底，27 岁的他为了不再让年老的父母担忧，在亲戚的说合下，和家乡邻村的一个叫项如珍的姑娘结婚了。如珍姑娘有良好的家教，有着农村姑娘勤劳、朴实的美德，成了他的贤内助，极力支持他追寻绿色的梦。

粉碎"四人帮"后，党的十一届三中全会的春风吹绿了祖国的每一个角落，水土保持事业与其他行业一样进入了全面振兴时期。长汀河田水保站首先得到恢复，相继又成立了长汀县水土保持办公室。这下可喜狂了傅锡成，他乐颠颠从供销社买回一瓶竹叶青、两包乘风烟，烧了一盘瘦肉豆腐，开怀畅饮。

长汀县委领导找到傅锡成，要他重整旗鼓，治理水土流失。傅锡成大喜，将十几年考察的情况和设想向领导汇报，赢得了县委领导连声叫好。县委领导紧攥傅锡成的手说："从今以后你有用武之地了,好好干吧！"县里决定在河田先搞一个千亩茶果场做试点，并把重任托付于他。傅锡成激动得两眼潮湿，连连点头。从此，傅锡成一头扎入水土保持工作，且一发不可收。

千亩茶果场战役一拉开，2000 多名民工到河田安营扎寨，搬山填壑，整个河田沸腾了！县里的指挥部设在工地。傅锡成既是规划设计者，又是组织实施者和实践者：他既是"军机大臣"，又是"后勤部长"，施工、行政、后勤一手抓。他深知肩负重任，只能成功，不能失败，不能有半点疏忽。为此，他饮食有一餐没一餐，休息一天不到 4 小时，实在太困了，土坡上一靠打个盹。也许太劳累了，患了痔疮，而且大出血，他不愿意去医院治疗耽误工作，只喝点草药"一见喜"，一餐一碗地灌，一直坚守在工地上。

1983 年 4 月，原福建省委书记项南同志率领一批干部到河田视察，总结编写了《水土保持三字经》。同年 5 月，省人民政府下达文件，把河田镇列为全省开展水土保持试验点的重点，组织省农业厅、林业厅、水电厅、水土保持办公室、林科所、林学院、龙岩地区行署、长汀县人民政府"八大家"，支援河田水土流失的治理。这对傅锡成来说，无疑如孔明借来东风，领导的重视，财力、物力、人力的支援，使他如虎添翼。1983 年德才兼备的傅锡成凭突出的贡献，晋升为水土保持专业工程师（当时也是全省唯一的水土保持工程师），接着他陆续被任命为长汀水土保持站副站长、河田镇副镇长兼河田水保站站长。他成了长汀水土流失治理第一线的总指挥。

战役一个接着一个打响，战役一个比一个更艰辛、更激烈、更宏伟。自 1981 年至 1989 年先后进行了"八十里河小流域治理""水东坊水土保持试验""赤岭示范场综合治理""罗地以草促林试验治理""刘源河水土保持治理"等五大战役。这五大战役治理水土流失面积 102605 亩，占流失总面积的 43.2%，其中播草促林面积 37242 亩、乔灌混交林 44078 亩、经济林 3126 亩，补植改造"小老头松" 13084 亩、果树 5075 亩，建土石谷坊 13 座、水中桥 4 座、桥梁 2 座，施工便道 60.7 公里。这些工程都是在他的指挥下完成的。

罗地以草促林试验治理，又是傅锡成最为成功的典范。他一手规划实施。试验区域 3388 亩，要求全垦深翻 30 厘米。开施工便道 5.7 公里。指挥部设在山里，伙食办在山里，每天千人会战，分为 32 个班组，每个班组 30 人，同时配一个施工员把质量关。原计划 40 天完成，结果 20 多天完成验收。不难想象，在罗地山头傅锡成同志淌下了多少汗水啊！他日日夜夜食宿在罗地山头，他瘦了，不知掉了多少斤肉！

以草促林是空前的试验，傅锡成对此虽然有深厚的知识积累和科学依据，但也难免心里有点不踏实。全垦深翻工程刚刚完工，又碰上初春雨汛。持怀疑态度的人说："有好戏看了，这是盲目逞能的结果吧！"又有人说："这分明是加剧水土流失，挖松土来让大水冲掉。"县里领导也很着急，一天一个电话询问情况。面对巨大的压力，傅锡成同志冷静、沉着地思考，进行科学分析，冒雨实地勘察。值得庆幸的是，罗地草山经受一场暴雨的考验之后，不但安然无恙，而且全垦深翻的山地像巨大的海绵体吸蓄了大量的水分。后来按计划播下草种，满山长出绿油油的青草。傅锡成喜不自禁，高兴得流下了热泪。第二年，十几年才长一米高的"小老头松"，竟然一蹿二三米高，以草促林试验大功告成！

党没忘记他的贡献，人民没忘记他的辛劳，一个个耀眼的荣誉、一个个辉煌的桂冠朝他涌来：

福建省水保委员会授予他全省水土保持先进工作者称号；

福建绿化委员会授予他全省绿化积极分子称号；

中国林学会为傅锡成同志长期深入林业基层工作特颁赠劲松奖；

中共福建省委授予他优秀共产党员的光荣称号；

中共长汀县委、县政府授予傅锡成同志专业技术拔尖人才称号。

　　傅锡成同志面对这些荣誉说：荣誉是鼓励、是鞭策，是催人奋进的号角！

　　实践的成功同时也带来理论研究的成功：他与罗学升同志合作撰写的《河田水土流失及其治理初探》作为全省农业会议发言稿并发表于《闽西林业科技》；他的《河田赤岭高强度流失治理与开发利用相结合模式研究》一文得到专家们的肯定；他编写的《地形图及其使用常识》一书成为福建省水土保持中级技术培训班教材；他的《长汀河田极强度水土流失区第一期工程草灌乔综合治理研究的报告》获地区科技进步一等奖，省科技进步二等奖。

　　他和同志们一起摸索出的"草灌混交""乔灌混交""以草先行，种草促林"成为治理水土流失的成功模式，在我省和邻省得到了推广。

　　河田水土流失的治理得到福建省委、省政府的充分肯定。1988年9月15~17日在长汀召开的福建省"长汀河田极强度水土流失区第一期工程草灌乔综合鉴定会"上，专家们对傅锡成同志的工作给予高度赞许，认为这里的水土流失治理达到国内一级水平。贾庆林省长认为，这是一项伟大的创举。

　　可是谁知道，为了追寻绿色的梦，傅锡成同志忍受了许多常人难以忍受的遭遇和不幸。

　　为了水土流失的治理，他不仅忘记了自己，也忘记了家人，他对不起父母，没有在父母面前尽孝，五年没回老家跟父母亲一起过团圆年；他对不起妻子，把一个家全甩给了妻子，没有跟妻子一起分担家庭的忧愁，几个孩子出生，他都不在妻子身边；他更对不起孩子，长子患了脑膜炎，他没及时送儿子去医院，落个终身残疾。1990年，第三个孩子13岁那年又患病了，当时河田山上暴发松毛虫害，栽下不久的几十万亩乔木和灌木面临劫难。傅锡成忙于治理山上的病虫害，没有及时送孩子去省立医院就医，结果第三个孩子也瘫痪了。

三个孩子两个终身残疾。妻子哭干了眼泪，他也深感愧疚，妻子责怪他，你这个绿癫啊，怎么只记得治山治水，就不记得自己的儿子呢?

当然，傅锡成的心也是肉长的，是甜是苦皆能体会。每当夜深人静的时候，想起年迈的父母，想起辛劳的妻子和三个缺少父爱的孩子，他心里很不好受，眼泪滚滚而下……

为了一个绿色的梦，傅锡成做出了很大的贡献，也做出了巨大的牺牲。

第二节
银杏情结

说到南坑村的变化，人们都会不约而同地想到廖英武这位老人。

廖英武原是长汀县政协主席。1994 年 5 月，廖英武接受了龙岩扶贫基金会长汀办事处主任的工作。为了争取扶贫基金，他来到厦门找到袁连寿和他的夫人，袁连寿是南坑村乡贤，厦门市民政局原副局长、离休老干部，一向对家乡很关心。当廖英武提到请他帮助家乡扶贫的事，袁老满口答应。两人因为志趣相投，很快就商量起如何以南坑村为试点，开展合作扶贫的具体事宜。于是，袁连寿夫妇在厦门筹措资金，廖英武回长汀筹资，并主要负责实施南坑村扶贫开发项目。

昔日的南坑村是全县出了名的穷村，被人称为"难坑"，村民过着"山上无资源，人均八分田，打柴换油盐"的苦日子。

当年 12 月，长汀县凌志扶贫协会经批准成立。袁连寿任会长，廖英武任常务副会长。按章程规定"凌志协会的日常工作、财务工作由办事处全权管理"。凌志扶贫协会和长汀办事处经过千方百计筹措，终于筹集到扶贫资金 3098 万元，其中厦门筹集 1450 万元，长汀筹集 665 万元，国家烟草，省、市、县、乡政府及各部门配套投入项目资金 983 万元。

有了资金，廖英武帮助南坑村"两委"大搞扶贫开发，采取整村推进办法，创办南坑凌志学校，实施村道改建扩建，建农民之家，在村主干道安装太阳能光控节能灯，建绿泉水库，建农民运动场，发展种植、养殖业，为南坑的发展打下了坚实基础。

1996年12月20日，廖英武到北京向中国扶贫基金会会长、原福建省委书记项南同志汇报长汀县河田水土保持工作，请求支持河田万亩果场资金问题。项南老书记在谈了资金问题后，特地郑重交代说："回去以后抓紧调查一下，长汀是否可以种银杏？如果能种，这是扶贫的好项目。因为种植银杏既可以保持水土，又可以增加经济收入。"听了项南老书记的一席话，廖英武受到极大的启示和鼓舞。

从北京回来以后，廖英武翻阅了大量的资料，对银杏有了较多的了解。原来银杏是千年长寿树种，是经济林木之王，是绿化树种之明星，银杏果还是贵重药物。廖英武组织技术人员一起到湖北的安陆、随州，山东的郯城，江苏的泰兴、邳州，广东的南雄等银杏之乡进行考察，又到宁化、上杭和本县有关乡镇进行实地调查，发现本县不仅有6株古银杏树，也有20世纪80年代初林业部门引种的17株银杏，其中5株已开花结果。

在深入调查论证和大量收集有关银杏栽培技术资料的基础上，确认长汀的土壤、温度、光照、雨量均适宜种植银杏，这大大地增强了廖英武推广种植银杏的信心和决心。于是，长汀县银杏种植指导小组成立，时任县长的饶作勋亲任组长，廖英武任顾问。1997年春，廖英武在南坑村带领村民试种银杏，当年种植2000株，第二年又种18000株。春节前后种植，3月份小银杏就吐绿发芽，抽枝长叶，长势良好，试种取得了成功。

1999年夏天，廖英武同袁老商定，在厦门发动社会团体和热心扶贫事业人士筹集资金，成立股份制龙头企业——厦门树王银杏制品有限公司。公司遵循扶贫开发、保护环境、建设生态、可持续发展的原则，决定租赁南坑村荒山2309亩（租赁时间50年），创办银杏生态园，并成立了厦门树王长汀银杏生态园有限公司与厦门树王银杏制品有限公司。两块牌子，一套人马，刘维灿任董事长，廖英武任副总经理，并全权处理长汀银杏生态园的开发与管理。

长汀银杏生态园项目于 1999 年秋开始启动。一开始，廖英武就坚持依靠科技，规范种植，采用等高沟埂先进技术。为了保护植被，第一年只挖宽、深各 1 米的大穴，下足基肥，第二年、第三年再坚持两边扩穴下肥，周边种 8~12 窝大豆。这样做，不但可以固氮，增加磷钾肥，而且雨季可覆盖以防止水土流失，夏季可以遮阳，防止水分蒸发，冬季扩穴时连同豆荚埋回去做肥料。就这样坚持了四年，连年扩穴，效果很好，不仅节约肥料成本，而且土壤有机质增加，土地肥力明显改善，促使银杏长得更快更好。2000 年 1 月开始，共种银杏近 6 万株，成活率达到了 95% 以上。

为使生态园成为国家中药材生产基地，廖英武十分重视质量管理，严格按照中药材 GAP 质量管理的要求，先后制定并严格实施《白果生产技术标准操作规程》《白果规范化生产农药使用原则和方法》《白果规范化生产肥料使用原则和方法》等种植质量管理办法。整个生态园分设 5 个小区，聘用专职管理干部 4 人（高工 2 人、工程师 1 人、农民技术员 1 人），安全保卫员 4 人。管理干部和安保人员每月的津贴 50% 用于投资入股树王公司，参加分红。每个小区设若干个作业小组，由当地农民按季节性外包工形式承包管理，管理的山头相对固定，工资根据不同工程计件计酬，并以合同形式签约，用公司＋农户的扶贫模式管理，成本低、效益好、生长平衡。

由于生态园管理认真、到位，银杏生长发育良好。生态园的成功，引来了各级领导和各地专家学者的关注。2003 年 8 月，全国第十二次银杏学术研讨会在长汀召开，廖英武在会上做了《探索银杏产业与扶贫开发生态建设的关系》的发言，反映强烈。与会代表参观了银杏生态园，了解了南坑村村民种植银杏的情况，十分高兴。一致认为，在水土流失这么严重、土壤这么贫瘠的地方，银杏长势却那样喜人，确实全国少见。

中国银杏研究会授予长汀银杏生态园"全国银杏种植与扶贫开发生态建设示范基地"牌匾。时任省政府常务副省长的刘德章考察了银杏生态园后，称赞道："这是目前全省规模最大、管理最平衡、水土保持最好的银杏园。"

种植银杏，周期长，投资大，收益迟。起初，群众对种植银杏的好处还不了解。为了使更多的干部群众了解银杏、认识银杏，廖英武大力宣传，千方百计推广，落实种好银杏。1997年6月23日他就给全县农村党支部、村委会、共青团、妇联的负责同志写信，深入各乡镇播放录像做宣传，让农民认识银杏、了解银杏，让种植银杏的好处家喻户晓，建议动员农户充分利用房前屋后、田边地头等一切空地，结合环境绿化，广植银杏，以扶贫协会或个人名义撰写并印发各种宣传材料5万多册（份），广为宣传。还通过在长汀的省政协委员，在省政协会上提案，发展银杏。

2001年10月18日，廖英武以"为综合治理长汀水土流失献一计"为题，向时任省长的习近平同志写信，汇报长汀试种推广银杏的情况，建议在水土流失区推广种植银杏。2001年11月，此信在新华社主编的《决策参考》上刊出。原长汀县委书记饶作勋把廖英武的建议信及时批转给各乡（镇）党委书记、乡（镇）长，批示指出："廖老主席经过多年的实践，已证明银杏是一个适应长汀气候、土壤条件的果树品种，并探索掌握了一套科学的管理方法。可以说，银杏在长汀大面积推广种植的条件已经成熟。各乡（镇）应该考虑把银杏作为户种半亩果的当家品种，大面积推广种植。"

廖英武同志对种植银杏的积极探索和执着追求，以及大力宣传推广，引起了广大干部群众对银杏的关注，全县共种植13万多株。在部分乡镇的机关院子、群众的房前屋后都种上了银杏；在客家母亲园、腾飞工业园等地种植了成片的银杏；在龙长高速公路出口至长汀火车站的汀州大道两侧，也种上了整齐挺拔的银杏。

2005 年，长汀银杏生态园被龙岩市政府授予市级龙头企业称号。同年 11 月 7 日，又被省林业厅批准为"福建省银杏科技实验园"。2008 年初，国家标准化管理委员会把厦门树王长汀银杏生态园列入《国家第二批良好农业规范（GAP）试点项目》。公司严格按规范实施，经省、市有关部门考核验收，于 2008 年 10 月 10 日，一次性通过国家良好农业规范（GAP）认证，并颁发了良好农业规范认证证书（证书编号：0078G10004ROS）。2010 年 11 月，长汀银杏生态园项目通过验收成为"国家级银杏生态建设标准示范区"。

廖英武跟银杏结下了不解之缘，退休后一直心系百姓，为广植银杏、保持水土、改善生态、推动百姓脱贫致富做出了不懈的努力，倾注了大量心血！他说："在我有生之年，别无所求，科学养生，认真做事，每天说银杏话，做银杏事。我百年之后，骨灰撒在银杏树下做肥料。银杏树种好了，人民富裕了，就是对我最大的安慰！"

廖英武的女儿在美国，希望他到美国安度晚年。但是，开发银杏产业并不是短期工程，从决心种植银杏的那一天起，廖英武就把自己跟南坑村村民绑在一起了，为治理南坑村水土流失、种植银杏、改变南坑村面貌发挥余热。上山头，进农家，宣传发动，落实山场，从开发、调苗、到种植、管理，一环紧扣一环，环环抓落实，甚至在老伴患病期间，他仍然抓好银杏的种植管理工作，这是何等让人敬佩啊！

第三节
水保功臣

1995 年，傅成群被招聘为三洲水保站水保员，虽然每月只领取 650 元补贴，但他尽职尽责，工作做得很出色，受到大家的好评。

1998 年，傅成群又担任水保站副站长，主持水保站的工作。三洲是有名的水土流失区，原来全镇水土流失面积 4.95 万亩，占土地总面积的 74%。到 1996 年，三洲治理了水土流失总面积的 60%。工作仍然很艰巨，但他没有被困难吓倒，带着站里 40 名水保员，实行责任制，每人分片包村，每 10 天组织一次统一行动，巡查山头，检查封山育林、禁烧柴草的落实情况。

2000 年，三洲抓住省委、省政府将水土流失治理列入为民办实事项目的机遇，出台扶持政策，鼓励农民种植杨梅，参与水土治理。傅成群走村串户，利用广播、放电影、给中小学生做讲座等机会，深入宣传水土保持工作的重要性，宣传镇里优惠扶持政策。

做水保工作，不仅要耐心宣传，更要树立榜样。为了鼓励村民开垦荒山种植杨梅，他想到自己的堂妻舅黄金养和黄勤，这两人有经济头脑，也有一定经济实力，于是他上门对他们宣讲县乡的扶持政策，要他们带个头治理荒山，种植杨梅。在老傅的宣传动员下，黄金养和黄群果然答应承包山场种植杨梅，而且取得了成功，第二年又扩种了 500 多亩杨梅，还种了 200 多亩茶叶，有了榜样，村民们也都积极响应种植杨梅，黄金养成为三洲杨梅产业的领头人，后来还担任了三洲杨梅协会常务副会长，被评为市劳模。

在黄金养的带动下，全乡 5 亩以上的杨梅种植户达到了 190 户。三洲镇兰坊村主任李木洪，也在傅成群的鼓励下，发展种养业，老傅经常帮他出主意，上门指导技术。李木洪养猪年出栏达到 3000 多头，饲养母猪 300 多头，还种植杨梅 200 多亩。

傅成群从事水保工作以来，对破坏山林的人铁面无私。他一身正气，不管亲疏一律查处，他在任期间曾查出 20 余起破坏山林的事件，他都认真执行乡规民约，从严处罚。2002 年，他的一位亲戚上山砍枝，被他责令印悔过书 300 份，在全镇各村、交通路口张贴。三洲水土流失治理任务重，发肥料，发苗木，发放煤炭补贴，老傅一丝不苟，从未出现违法违纪行为。

老傅还积极为水保和生态环境治理出谋献策。他在担任县人大代表期间，先后提出治理荒山、种草种树种果补助、山场优惠承包管理、封山育林、燃料补贴等意见和建议，得到了有关部门的重视。中央调研组到长汀调研水土保持情况，在座谈会上，他也提出了用电补贴的建议，受到中央调研组的肯定。

长汀县委书记魏东来到三洲镇调研水保工作，夸奖他说，傅成群真是"水保功臣"！

傅成群是没吃"皇粮"的水保工作者，下面再介绍一位吃"皇粮"的水保工作者，他为治理水土流失默默奉献了一生，也是一位水保功臣。他就是刘永泉。

刘永泉曾经写过《我的水保情缘》一文，详细介绍了自己在水保战线默默无闻工作 42 年的经历。下面请让我们一起来阅读他的这篇文章吧！

我的水保情缘

1964 年 8 月我背上简单的行囊从连城回到故乡——长汀，在水保战线默默无闻地工作了 42 年。

1964~1967 年，我们一批从学校刚刚分配的学生，在站里老干部及工人的带领下开展以大队为单位的水保规划和治理施工，在治理措施上采用头戴帽（造林）、腰扎带（挖等高带种草）、脚穿靴（建谷坊）等方法，挖水平带等高，但没有修筑或反坡，更谈不上内有沟的水平带，播草的灌木种子是裸播，植马尾松用一锄法，比挖穴成活率高。

在组织上各大队有水保员和专业队，负责封山（巡山）治理施工指导，秋冬季我们带着专业队员去边远山区或邻县采集灌草种子，最多的是技子和蓉草、五节芒，县里各党群团体发动基层的组织采种，支援河田治理。每年虽然投入了大量的人力和物力（主要是种子和苗木），但植被的恢复进展是非常缓慢的。

这期间，我们还下乡开展社会主义教育运动，跟群众"三同四共"，亲身体会到水土流失给人民的生活带来的困难。

在河田，泥沙淤积河道，河比田高，朱溪河栓头坝段、八十里河江口段等，最高处河比田高 1.5~2.0 米。由于河比田高，田里的积水无法排除，田因常年积水成烂浸田，只能种植饭苞草或席草。

由于土壤沙化，水旱灾频繁，大部分农田只种一季早稻，晚季只能种番薯。为此，人民生活困苦，脚踩砂孤头，吃的是番薯头。1966 年春，我下乡植林，住在丘胜辉家，大多吃番薯渣或地瓜干。下乡去兰坊，在大队支部书记家，吃的也是地瓜渣。

我不禁想："皮之不存，毛将焉附？"水土都流失了，成了光头山，树草怎样生长？流失区人民的生活怎么不苦？

十年"文革"期间，河田流传着一首民谣："新公革联万万岁，树子有倒板有锯。"无政府主义思潮泛滥，破坏山林现象严重，许多得到初步治理的山头又遭破坏，有些轻度流失地迅速发展为中度、重度流失地，严重的水土流失由原来的河田向蔡坊、刘源、伯湖、三洲等地发展扩大。

"文革"结束后，省、县领导非常关注河田的水土流失治理，1978年，县委恢复水保站，当年冬天成立了县林科所（县水保站的前身），我有幸调林科所工作。

1980年7月，县科协组织对河田水土流失及治理进行视察，我执笔撰写了"河田水土流失及治理初探"一文的技术部分。那年冬天，开展黑荆树半年生营养育苗试验。11月份林科所原班人马下驻河田，率先于全省恢复成立了"长汀县水土保持站"，并接受省科协下达的"河田水土流失防治研究"课题。

有一次，我陪同人民日报社记者到河田调研，当时记者戏谑地说：河田真是红色的山、红色的水、红色的江山永不变色。作为水保站业务负责人，我感到肩上的担子无比沉重。我认真总结了前人工作的经验，吸取了教训，充分认识到水土流失治理的重要意义。提出了以工程促生物，以生物保工程；人为施肥客土为植物的生长创造较为有利的主动条件；引进发掘豆科、非豆科，能固化或自养的乔灌草，改变过去单一马尾松造林的做法；营造乔、灌、草混，采用提高植密度等新的技术措施。

1981年，选择治理小流域，进行综合治理规划；并选定条件最差的观心堂，将109亩的小流域作为重复试验山，那年冬在试验山上开始挖水平沟，沟宽1.0米、深0.6米，底宽0.8米，沟间距1米，每米沟下基肥棉子并肥100克……猪粪1000克，种植合欢、紫穗槐、胡枝子、刺槐等，营造乔灌混交林，乔灌比例为1:3。当年追肥2次。8.0米以下山坡挖水平梯田，内有竹节沟、外有埂，并配合挖100厘米×800厘米×80厘米的大穴，每亩下土杂肥一担，猪粪25千克，……种植板栗和水蜜桃，并在田区

● 刘永泉在现场宣讲种植技术

混播鸡眼草、格拉姆柱花草、日本草等绿肥。二条崩岗沟，一条筑土石坊、各一座，采用沟底种植，种竹，造物治理。正是因为坚持使用了新的技术措施，恢复了对水土流失的有效控制，据江水沟测定，悬移质当年减少96%。1982年7月省水保委在长汀召开全省水土保持现场会，参观了试验山，得到大家的好评。

1983年4月，原福建省委书记项南视察了该片试验山后，高兴地说："从这里看到了河田水土流失治理的希望，找到了治理水土流失的好办法。"

他和当地干群一起边检查边总结，集思广益，归纳提出了《水土保持三字经》，从政策、理论和实践几方面进行了科学的总结，对水土保

124

持工作具有指导意义。紧接着省政府下达了闽政〔1983〕综246号文件，从此谱写了长汀县河田水土流失大规划治理的新篇章。

后来我撰写了《八十里河小流域乔灌混交模式的研究》一文，发表在《福建水土保持》1990年第3期，该项目1988年通过省级鉴定，获县科技进步一等奖。

1982年冬，为进一步扩大示范，推广效益，探索河田水土流失治理的新模式，根据省水保办的要求，县委决定扩大试验示范面积，确定在蔡坊村的水东坊建立"水土保持试验场"，该试验场面积1320亩，我是该试验场的具体业务负责人，从人员培训、地形图测量和规划，一直到组织实施、数字调查整理，都亲自主持。地形图测量要求测绘人员有较高的素质，我便从立标尺、经纬仪使用到地形图绘制，手把手地教；施工阶段每日起早摸黑，不论刮风下雨都亲临现场。

从1982年冬开始，到1984年建植基本完成，共建有人工植物群落区、项南黑荆试验林区（1983年项南视察时指定的澳大利亚金合欢）、综合治理区、果树种区、杨梅栽培区、薪炭试验区、马尾松汝头林改造区、经济林木（南岭黄檀）栽培区、灌木面种试验区、板栗优良品种采穗圃、径流观测场等。开展了14个项目的课题研究，其中黑荆树种试验、牧草引种栽培获县科技二等奖；板栗"三化"栽培技术，获县科技进步一等奖、地区二等奖；黑荆树水土保持林营造研究，作为全国黑荆树丰产栽培子课题，通过国家级验收，获林业部三等奖；黑荆树病害研究获省科技进步三等奖。试验的资料和数据是"长汀河田极强度水土流失区第一期工程草灌乔综合治理研究"的关键内容的主要来源，该课题获省科技进步二等奖，地区一等奖。

通过水东坊试验场的试验，我从中整理出许多高质量的文章，如《引种黑荆树营造水土保持林的研究》《河田水土流失区牧草的栽培》《河田地区土壤基本物理性状土壤侵蚀》《河田水土流失的树种选择和栽培技术》《黑荆树水土保持林的生态经济效益研究》等。该试验场的建植成功得到了国内外许多专家的赞誉，也为我县的水土流失治理提供了最好的示范现场以及大量的理论依据，真正地起到了示范推广作用。水利部给我县水保站授予"全国水土保持先进单位"的光荣称号。

试验场的建植成功跟省、地县领导的关怀支持是分不开的，特别是县委、县政府为水东坊试验场的建植倾注了大量心血，县委动员县直有货车的单位，都要运垃圾到水东坊，支持河田的水土流失治理。

我感到最欣慰的是，我亲手设计、规划并亲自实施建设的八十里河、水东坊两个试验区，都取得了成功，体现了我的人生价值。

1991年9月我调县水保局任治理股股长。这期间除正常的项目申报、实施验收总结外，结合当时社会的大环境，搞好山地综合开发，大力发展果茶业，种果比例增加到治理总面积的31%。抓好以开发促治理，以治理保开发。主持了"果树整形修剪培训班""板栗丰产栽培技术培训班""小流域综合治理规划培训班"，注重果园的水保设施的建设（后有沟、前有埂及果园面种植绿肥），推广板栗"三化"栽培，加强果园管理（流失区种果比适宜区投入大）。1992年县水保局在河田罗地通过向原河田供销社购买（农田、房屋等）、向罗地村租赁（山场）的方式，建立了水土保持综合示范场，我被派兼任场长，主要示范是强度水土流失山坡地通过挖大条壕、下大肥种植果树（板栗、油柰），板栗实行实生苗定植、园地嫁接优良品种接穗、矮化密植的"三化"栽培等，并采用逐年抚育建成水平梯田的做法。

1993年，我参加省五大片水土流失治理规划工作，负责组织和撰写《长汀重点水土流失区治理规划》。1995年长汀被列为国家水土流失重点治理片区，我主抓项目的申报。1997年李田河、朱溪河被列入全国水土保持生态环境建设"十、百、千"工程示范小流域。这一年，我又负责编制《长汀县跨世纪水土保持规划》。

1998年我参加濯田镇连湖村"四荒地"拍卖的调查，为6月13~14日全省四荒拍卖现场会经验交流会在长汀召开做好准备，我又到连湖参观指导拍卖现场。7月份在局领导的安排下负责组织河田、三洲、策武、濯田、南山、涂坊、新桥等7个乡镇24条重点小流域水土流失现状及治理成果调查，在调查总结的基础上重新修订了《长汀县水土保持生态环境建设规划》(1999~2005年)，为争取项目及今后项目的实施奠定了基础。

2000年1月，一天下午，我接到局里的通知，要编写一份2000年水土保持项目建议书（就是2000年首次获省为民办实事项目的建议书），时间紧迫，第二天上午要报省水保办，经费控制在2000万元，其中国家补助1000万元，自筹1000万元。接到通知时我的心情是无比兴奋和激动，这说明省里对长汀的水土保持工作有一个大的举措，我不顾天气的寒冷，立即开始编写，干了一个通宵，终于在第二天上午九点钟完稿。虽然又冷、又累、又困，但我心里还是有说不出的温暖。

我从事水保工作42年，深深地体会到：改革开放30多年来社会的安定团结，经济繁荣发展，各级领导对水土保持生态建设的重视和支持，是水土保持事业蒸蒸日上、不断深入的根本保证。

每年的办实事项目和国债项目，我在局领导的支持下从实地调查落实项目地点、措施，到项目可行性研究报告、初步设计报告、施工方案等前期工作，施工指导，项目验收等，都尽职尽责、积极参与。2006年我退休后，仍然留在局里，协助工作。

30多年来的不断努力，使河田的水土流失得到了较好的治理，秃山终于变绿，生态环境也逐步进入良性循环。我真高兴，我这一生为水保工作付出了艰辛的劳动，觉得很有价值。愿河田的明天更加美好！

读了刘永泉的文章，谁能不感动呢？为水保工作奋斗一生，默默无闻，退休后还留在单位发挥余热，这是多么宝贵的精神！其实，像刘永泉一样的水保工作者还有很多很多，恕不一一赘述。但是，长汀的山山水水永远记住了他们。是他们，用自己的毕生努力治理了水土流失，唤回了青山绿水；是他们，用自己的汗水和智慧改变了生态环境，铸就了绿色辉煌！

第四节
群星闪耀

范小明的杨梅情缘

2000 年,省委、省政府把长汀水土流失治理项目列入为民办实事项目,长汀县林业局大胆地做出了在河田、三洲建立万亩杨梅基地的决定。

作为县林业局营林股长的范小明,毅然接受了发展万亩杨梅基地的使命,却遭到家人的反对。因为谁都知道,要在光秃赤烈的"火焰山"上种下万亩杨梅树,不仅其中的艰难困苦可想而知,而且极有可能无功而返。范小明说,我是共产党员,我不去谁去?在他的耐心说服下,家人不得不同意了。就在 2000 年国庆节这一天,他背上行囊,抛下年幼的孩子,匆匆奔赴了水土流失严重的三洲,并且暗暗地下定决心:不让荒山变绿,誓不回城!

没想到在这里一干就是 10 年!范小明深情地说:"种树好比'结婚','结婚'容易相守难,种树容易管护难。我与杨梅树的'姻缘'可以用'三个十'来概括,那就是'十年汗水、十年期盼、十年树木'。"

三洲乡的山头黄土裸露、沙石遍地,夏天的地表温度达到 50 多摄氏度,山头偶见几棵老头松,连棵挡太阳的树都没有,是名副其实的"火焰山"!在这样恶劣的条件下要让杨梅成活绝非易事。但是范小明白天带上剪刀、水壶、草帽，上山规划设计，晚上一回到宿舍就钻研杨梅栽培技术。2001年春天，在范小明等人的技术指导下，县林业局在三洲乡种植了1519亩杨梅。功夫不负有心人，当年种植的3万多株杨梅成活率高达91%，绿肥盖度达到了80%以上，通过种植杨梅治理水土流失取得了显著成效，范小明创造了长汀造林绿化史上的奇迹！

至2004年，县林业局在三洲、河田的8个村先后种了8453亩杨梅。范小明总结出了在水土流失区种植杨梅的"早种、重剪、深栽、套种、覆盖"十字经，而就在这一年，范小明光荣地被评为市劳动模范。在杨梅基地的示范带动下，当地村民纷纷承包荒山种植杨梅，范小明经常深入农户山头解决技术难题，带动农户种植1万多亩。2008年，又甜又大的长汀杨梅进入上海、广东市场，长汀杨梅产业已初具规模，万亩杨梅基地开

● 范小明指导果农种杨梅

始显现出社会、经济和生态效益。

"火焰山"终于变成了"花果山""富民山"！

进则全胜，不进则退，范小明懂得这个道理。2012年3月11日记者采访他时，他对记者说："习近平的重要批示精神，对水土流失治理的成果给予了充分肯定，也给林业科技工作者以极大的鼓舞。但是在欣喜的同时，我们还要清醒地看到，十多年来的水土流失治理只是取得了初步成效，整个生态体系功能还很脆弱，如何进一步巩固和提升水土流失治理的成效值得思考。"

范小明对万亩杨梅基地满怀深厚的感情，他又对记者说，近年来，随着管护果树成本的增加，许多农民无法在后续管理上投入更多资金，建议政府建立生态补偿机制，实现农民收益与水土流失治理的双赢；建立健全管理机制，开展林业科技推广，扶持水土流失治理专业户；攻克杨梅加工保鲜技术难题，提供市场信息服务，这样才不致出现果贱伤农现象。

范小明长期积极投身于治理水土流失工作，长期深入农户山头解决技术难题，开展林业科技推广，做出了巨大的贡献，因此，多次被县、市评为先进工作者。2013年，还被评为福建省先进工作者。

治山带头人俞水火生

三洲镇丘坊村党支部书记俞水火生，被人们誉为治理三洲水土流失的"领头雁"。这是怎么回事呢？

1984年，俞水火生从部队退伍回家，看到家乡山光地瘦人穷，心里很不是滋味，他决心闯出一条路，让家乡山清水秀民富。他开始尝试发展庭院经济，在房前屋后栽种了三亩荸荠杨梅，这可是在三洲首次栽杨梅。经过精心管理，杨梅试产时，他的爱人每天都挑着一担杨梅到集镇卖，3元一斤，每天都能换回100多元钱。俞水火生在实践中探索种植杨梅的经验，而且从中得到结论：三洲可以种杨梅，杨梅是治理水土流失的好树种，而且可以让村民致富。

2000 年，省委、省政府把长汀水土流失治理列入为民办实事项目，俞水火生抓住县出台扶持种果优惠政策的机遇，甩开膀子大干了。就在这年冬天，俞水火生在丘坊村社下尾山场，开发种植 70 亩杨梅，他请来了十多名农民挖穴、下肥。为了保护水土，他采取挖鱼鳞穴的方式，穴

● 种果大户俞水火生

的四周保持原貌，共投入资金 4.2 万元，每亩 600 元，其中县扶持资金每亩 300 元，自己投入了 2.1 万元，打响了规模连片种杨梅第一炮。

为了种好杨梅，让杨梅在治理水土流失中既有生态效益，又有经济效益，2004 年以后，俞水火生到浙江黄岩、闽南漳浦霞美镇等地考察。浙江省黄岩区黄埔村党支书蔡锦带他观赏自己种的 400 多株杨梅，介绍

说，这 400 多株，多时能收十七八万元，少时也能收 12 万元。老蔡鼓励俞水火生要多种，要开拓销路，这给俞水火生极大的鼓舞。

俞水火生再接再厉，先后到三洲村、小溪村、桐坝村异地租赁山场，种植杨梅 680 亩，拥有 4 个果场，精品果园一个，总面积达 750 亩。2011 年，他的杨梅产值达 45 万元，他已成为远近闻名的杨梅种植大户。更让俞水火生骄傲的是，他从开始种植杨梅，就注重绿色无公害，一直下的都是农家肥，他家的杨梅树冠大、树叶厚、不落叶、果质好。杨梅株产量很高，最高一株产量 270 多斤，可谓三洲杨梅之冠。

杨梅要开拓销路，就要有一个名正言顺的组织。2005 年，俞水火生牵头成立了三洲杨梅产销协会，他被推选为会长，带领会员们共同致富。

为了提高三洲杨梅质量，协会请来县林业局的农艺师黄昌良、范小明前来培训无公害栽培技术。还请来浙江黄岩土专家王国林前来三洲现场传授剪接技术。同时，协会要求统一对外开拓市场，统一价格。俞水火生自己带着骨干会员到上海考察水果批发市场，与杨梅批发经销商建立销售渠道。2009 年，他专门雇请保鲜运输车把杨梅销往上海，每斤 8 元。如今，俞水火生的杨梅主要销往上海、杭州、宁波等地。2011 年春天，俞水火生投资 14 万元，建了一座占地 130 平方米的保鲜库，能保鲜 3 万斤杨梅 50 多天。

在新一轮水土流失治理中，俞水火生迈开了更大的步伐，又扩种了 50 亩杨梅，建立了 20 亩杨梅苗木基地。栽培了黑炭梅、安海杨梅等新品种，早、中、晚品种都有，可拉长市场杨梅销售期，为三洲杨梅探索增产增收的新路子。

2010~2013 年，俞水火生所任会长的三洲杨梅产销协会被评为全国和省级先进协会。2013 年，他将出版的《杨梅实用栽培技术》一书，免费赠送给杨梅种植爱好者。当年，俞水火生荣获省"科普兴村带头人"光荣称号。

种果大王赖木生

策武乡大同镇人赖木生，被人称为"种果大王"。

说起来，赖木生的种果历程有点久了。1981年初，赖木生在荒山上种了200多株柑橘，没想到被当作"资本主义尾巴"的典型在大会上点名批评。赖木生不服气，他跟生产队长说，沿海的很多地方都实行土地承包了，我就承包这片荒地种果吧！他再三请求，"尾巴"终于幸免于难。1986年，他的柑橘发展到50多亩，成了村里的第一个万元户。在他的带动下，村民纷纷种果树，逐步走上了致富之路。1991年，赖木生被评为"福建省劳动模范"。

1994年，原福建省委书记项南同志来到大同镇的翠峰果场视察，跟赖木生聊了两个多小时，最后问他想不想扩大再生产。赖木生说，想啊，但是没场地。项南同志立即说，那我给你推荐一个好地方，就是河田水土流失区，在那儿种果既可致富，又可绿化荒山，这可是利国、利民、利己的大好事啊！赖木生听后立即答应下来。项南临走时，特地叮嘱县里要在资金等方面积极支持赖木生，这让赖木生倍感鼓舞，越干越有劲。

第二年赖木生在县里相关部门的支持下，投资40万元在河田水土流失区种了500多亩板栗，从而带动村民发展了万亩板栗基地。

1999年11月的一天，时任福建省委副书记、代省长的习近平同志，专程来到长汀考察水土保持工作，当他来到河田镇赖木生的果园，看到满目苍翠的果树时非常高兴。习近平勉励他："好好干，继续扩大规模，带领乡亲们共同致富。"习近平还跟他合影，赖木生太激动了，又一次得到鼓励，觉得自己开垦荒山种果，这一辈子真是走对了路，太有意义了！当年冬天，他就从河田"转战"策武乡，在水土流失区又承包了700亩荒山种果树。

经过多年的发展，赖木生的种果总面积达到了1380多亩。赖木生富了，先后购买了小车、小洋房，现在每年收入都有七八十万元，多的时

● "种果大王"全国劳模赖木生

候上百万元。

2000 年，赖木生荣获"全国劳动模范"称号，以及全国治理开发农村四荒资源先进个人。

一花独放不是春。为了帮助乡亲们脱贫致富，赖木生把果树种植经验和技术整理成小册子印发给村民，不定期举办培训班，被村民亲切地称为"赖校长"。赖木生的种果事迹感动了很多人，记者来采访他，他对记者说："习近平的批示精神给了我极大的鼓舞，我更加坚定了扎根水土流失治理的信心和决心。我要进一步扩大种植规模，准备在工会的支持下再承包一片荒山，建成'劳模生态示范场'，带领更多的乡亲参与治理水土流失，共同致富。"

赖木生种果一辈子，如今到了花甲之年，但是他仍然壮心不已。赖木生对记者说,目前全县还有 48 万亩水土流失山地,治理任务还很艰巨。在水土流失区种植水果的成本投入大,试产期长,他建议政府部门通过多种形式对果农进行补助,搞好路网建设,扶持果农对低产果园进行改造。

板栗基地女强人赖金养

登上河田镇露湖村石灰岭,一眼望不到边的板栗园真让人喜出望外,这就是女强人赖金养的板栗基地。可是谁也想不到,这里曾经是严重水土流失区,山光岭秃,一片荒坡。

赖金养是长汀县大同镇红卫村人,在家里种了十多年柑橘,可以说是有点种果经验吧! 1997 年,县林业局在严重水土流失地露湖村开发了

● 板栗基地女强人赖金养

500 亩板栗，向社会公开招标承包。赖金养以超人的胆识，承包了这 500 亩板栗，一包就是 30 年。但是，种板栗与种柑橘毕竟有区别。赖金养采取走出去、请进来的办法，攻克种植板栗的难关。她一方面虚心向果树种植技术人员求教，学习板栗种植、施肥、修剪的技术；另一方面请技术人员到山上来，对已经定植的一万多株板栗精心管理。她还从外地引进一批九嘉、处暑红等优良板栗品种，对果园进行改造和筛选。

自承包以来，赖金养对这片板栗基地倾注了深情，承受了作为一个女人难以忍受的艰难困苦，尝尽了甜酸苦辣。但她不气馁，因为果园里建起的项公亭，记载着原省委书记项南关心河田水土流失治理的深情，鼓舞着她。她在果园建起养猪场，搭起管理房，建立沼气池，采取"猪——沼——果"立体模式，发展生态种养业。她以这个基地为家，辛勤经营着。

2008 年，板栗树生了病，她可急坏了，急忙拿着病枝去请教县果业专家，专家看了说，按炭疽病来治。果然一施药，板栗病就除了。板栗进入盛产期，销路成了问题，板栗是不能长时间储存的。赖金养亲自到漳州、广州、厦门等地寻找水果市场，与水果批发商洽谈生意。水果老板见她心诚，板栗质量好、绿色无公害，答应前来收购。功夫不负有心人，赖金养终于打开了板栗的销路，开拓了新的市场。

2011 年，赖金养的板栗基地迎来了大盛产，亩产值 2000 余元，总产值 100 万元，当年收益 20 多万元。2012 年收入更多，达 40 余万元，实现了水土保持和经济效益"双赢"。更可喜的是，赖金养种植板栗，带动了露湖村村民，露湖村种植板栗面积达到 354 公顷，建立了一个 22 公顷的无公害蔬菜基地；发展瘦肉型生猪生态养殖示范场 13 个，年出栏成品猪 2600 头、仔猪 3400 多头。种养成为露湖人增收的一条富路。

赖金养成了治理水土流失、自强自立、勤劳致富的先进典型，被县妇联评为水土保持标兵。

刘静美大战荒山建林场

走进河田镇红中村佛子岭和相见岭，只见满山翠绿、生机盎然，4000 亩竹杉枝繁叶茂，470 亩毛竹亭亭玉立。这片总面积 4470 亩的山场，是年过花甲的刘静美独资开发的"家庭林场"。

刘静美是河田镇刘源村人，从 21 岁起，在伐木场当工人，先后经历了楼子坝林场、小金伐木场、中璜工区，整整干了 30 年林业，采伐，营林，做木材生意，样样干过，经他的手砍伐不少木头，也积累了一套植树造林的经验。

2007 年，在深圳经商办企业的大儿子看到父亲赋闲在家，就问："你想干什么事业，我支持你。"刘静美说："我一生干林业，砍过不少木头，只有一个心愿，租一片山场，建一个林场，把林子造回去。"他相中了红中村相见岭和佛子岭的 4000 多亩山场，那里既是水土流失地，又没列入生态林，他想在那里造一片林，还个心愿，以补过去砍树的过失。

刘静美用了整整一个多月时间，与红中村 178 户村民沟通，联系签合同，租期 40 年。当时有人说："你快 60 岁了，孩子又会赚钱，何必放着清福不享，这么辛苦劳累呢？"刘静美说："我这辈子跟林业结了缘，过去砍树砍得多，现在要把林子种回去。"

这一年 6 月 18 日，刘静美造林正式开工，他请县林业规划设计人员高标准规划设计，从顺昌洋口村、漳平"五一"林场调来优质的树苗，雇请了当地七八十个劳动力，半山以下种杉木，半山以上栽松树，山窝山脚植毛竹，他自己每天穿解放鞋，卷起裤脚，踩着黄泥，带领乡亲们锄地、挖穴植树，傍晚才回家，风雨无阻。经过三年的时间，投资 300 多万元，共栽下杉木 4000 亩，毛竹 470 亩，同时，投资 66.8 万元，开出长 12.5 公里、宽 3.5 米的沙土路，架设了 9 座桥，后来又投入 120 万元，铺设 6.5 公里的水泥路。

刘静美的红中水保林场颇具规模，水利部水保司、省林业厅的领导前来考察参观，松杉毛竹长势喜人，满山翠绿，大家都赞不绝口，为刘静美的造林精神而感动。刘静美喜滋滋地说："现在杉树长到4米多高，松树也有1米多高，十几年后，预计年收入可达三五千万元。"经过绿化，山坑里的水量多了，刘静美准备在坑口建一个水库，让人们来这里旅游休闲呢！

刘静美雇请了当地13名村民，为他管护林场，每月发给一定的工资，村民也很乐意。

2012年3月，龙岩市人民政府授予刘静美"全市造林绿化工作先进个人"光荣称号。2013年3月，长汀县委、县政府授予他"长汀县水保标兵"称号。同年4月，龙岩市人民政府又评他为"龙岩市劳动模范"。

赖春沐建设生态综合养殖场

濯田镇南安村村民赖春沐，原来在龙岩市区从事生猪调运工作。2001年冬，他响应长汀县委、县政府大种大养的号召，回到家乡投资兴办生态综合养殖场。

赖春沐把场地选在南安村的长圹坑山场，这是一处严重水土流失地。有人劝他："这里连树都不长，怎么能办猪场？"赖春沐不信这个邪，他要把办猪场与治理水土流失结合起来。他先后投资300多万元，建猪舍30间，还有饲料加工厂、产房、保育房、综合办公室各一座，总面积达1.5万平方米。猪场周边栽种了100多亩果树、杉树，在猪舍之间栽种绿树，树下种植蔬菜、地瓜、南瓜、狼尾草等20多亩，作为猪的青饲料基地。他还投资2.4万元，购买了500多株香樟、桂花等景观树种，在猪场及四周种植，以绿化美化猪场。

在养猪场，赖春沐实施"草—猪—沼—树"种养模式，种了20亩青草和蔬菜作为猪的青饲料；建了 13 口沼气池，占地 1300 平方米，实行固、液分离，沼渣、沼液抽到山上的水池里，作为果树、蔬菜、青草的肥料，形成了种养殖的循环利用链条。

经过 10 年努力，昔日光秃秃的荒山，如今绿树环绕，草木青青。猪场经产母猪 640 头，后备母猪 150 头，年出栏商品猪 1.1 万头，年产值 1800 多万元，成为全县个体最大的生态养殖猪场。

赖春沐致富不忘众乡亲，他充分利用自己在"无公害"生猪养殖技术和销售上的优势，通过"公司＋农户"模式，为乡亲提供统一技术指导、统一提供种苗、统一供应饲料、统一销售的一条龙服务，带动了全镇生猪产业的发展。过去濯田镇没有一户养殖专业大户，如今全镇形成了饲料供应、兽药、生猪养殖、调拨、运输等生猪产业链，30 头母猪以上养殖专业户达 300 多家，其中百头母猪以上的 5 家。水头村村民赖观辉养殖母猪 150 多头，年出栏生猪 2000 头以上，年产值 400 多万元。

现在赖春沐的养猪场越办越红火，他注册了沐春商标，生猪销往福州、厦门及广东、江西等地，他在福州还开办了 45 家猪肉销售点，他销售的猪肉成为福州市民放心食品。赖春沐还计划流转南安、莲湖、睦背 3 个村的 100 多亩山场，准备投资 200 多万元，再建一座花园式的种养殖场。

2008 年 1 月，赖春沐被农业部、共青团中央授予"2007 年度全国农村青年创业致富带头人"的光荣称号。

黄发富夫妇开发荒山办茶场

黄发富夫妇原是长汀河田茶果场工人，2004 年，夫妇双双下岗待业，正不知下岗后怎么办时，听到一个信息：迳背村有一块严重水土流失地，需要开发治理。黄发富想，何不发挥自己的种茶特长，到那里去建茶场呢？

于是，黄发富来到实地察看，又与迳背村村委会座谈。回来后，夫妇俩认真商量了一番，便下定决心干。黄发富以每亩 28 元租赁山场 285 亩，一次性交清了租金，并争取到县水土保持持续资金。当年冬天，黄发富按高标准茶场规划，雇请 100 多个劳动力，在广坑 15 个山坡开平台，前埂后沟，挖条壕，从漳州、新罗等地购来有机肥作基肥，做到保水、保肥、保土。

第二年春天，黄发富从漳州一个台商茶场调来金萱、乌龙等品种的茶苗，经过精心管护，这 285 亩茶叶长势喜人，成活率达 95% 以上。2005 年冬，县水保局看他种茶有技术，管理有经验，又让他租赁承包刘源村一块 185 亩的茶场。这以后，黄发富夫妇的茶场面积达 470 亩，成为长汀县面积最大的一块茶园，昔日的水土流失地上，竟然大改面貌，茶树青翠欲滴。黄发富还投入 40 多来万元，在茶园开了 2.4 公里的水泥路，

● 黄发富开发荒山办茶场

整个茶场颇有气势。

一对下岗夫妇，成为拥有 400 多亩茶园的主人！

黄发富为了建茶场，几乎每天都在茶山干，人家称他累不倒的"老黄牛"。他想，开茶山还要建茶厂，才能让茶叶升值。2006 年秋，他从银行贷款 15 万元，还向亲友借贷，购进了烘干机、揉茶机、平板机、速包机、杀青机、振动抖青机、解块机等制茶设备 20 多台，办起了一个小型茶厂，产品销往厦门、广东甚至东北的沈阳市场。

办起茶场，黄发富感到很欣慰，他说："在山上种植茶树，一是治理了水土流失，二是帮助了农民就业。"的确，采茶时，他每天要雇请三四十人干活，每人每天可领到 50 元工资呢！

2009 年，黄发富被长汀县委、县政府评为"水土保持工作先进个人"。

坚守荒山不动摇的马雪梅

马雪梅是山东青岛人，1986 年嫁给长汀濯田镇园当村人赖荣清。

1997 年，马雪梅从电视上看到有人在海南种果发家致富的新闻，心想丈夫老家有大片荒山，也可以租来试一试。从此，从来没有做过农活的马雪梅，与果树结下了不解之缘。马雪梅没干过农活，缺少种植经验，她种的葡萄不挂果，种的玉米也不结玉米。1999 年，长汀县水保局副局长刘炳平到她的果园视察，进行现场指导，还告诉她，南安村"塘尾角"有块荒山，可以用来种板栗。她动了心，真的想承包。有人却泼冷水，对她丈夫说："你老婆没种过田，难道你也傻吗？这种秃山能种果树，那还有谁会出门打工呢？"马雪梅不这么认为，她说："长汀气候适宜，雨水充沛，适合农作物生长，只要想做，就没有过不了的火焰山！"

马雪梅是个倔性子，认定了的事就干，三头牛也拉不回，于是她把荒山承包下来，种了 192 亩板栗。谁知老天爷把玩笑闹大了，一场大雨

● 坚守荒山不动摇的马雪梅

把她种的板栗全冲毁了。那天，她眼看着雨水从山头冲下来，变成滚滚泥石流，将她种的所有板栗一起冲到深沟里去了。

马雪梅欲哭无泪，望天兴叹，她那一点薄薄的本钱经不起折腾，全被一场大雨打劫了。怎么办呢？丈夫劝她，算了吧，我们还是出外打工，能赚多少算多少。马雪梅却说，我不甘心，我能向老天爷低头吗？擦干了眼泪，她又重整旗鼓，没有本钱就向人家借，为此她负上一笔债。吃一堑长一智，她认识到要种好果树，必先治理好水土流失，否则又要遭殃。

镇政府的干部来了，安慰，鼓励，支持，帮助，有了镇政府做靠山，马雪梅的腰杆挺得更直了。她接受了教训，特地找到林业局的技术人员咨询，在山上挖梯田，建前埂后沟，还种"百喜草"，又建了十多口蓄水池和几道拦水坝。百喜草是一种耐旱、耐贫瘠而且根系发达的草，很快在山上安了家，茂盛地生长起来了。山上有了绿意，马雪梅很高兴，跟丈夫商

143

● 马雪梅与丈夫一起修剪果树

量说，我们初见成效了，必须大刀阔斧地干，进一步扩种桃、梨和油奈。

凭着一股冲天干劲，从治理水土流失入手，她又种了350亩板栗、78亩桃和梨、200多亩的油茶，前后总共种植果茶628亩。4年后板栗开始挂果，挂果率逐年提高。马雪梅在果树下种植牧草，在果场建起鸡场、猪场，每年养殖河田鸡6000多羽，还有存栏上千头猪的猪场和沼气池，草喂猪，猪下粪，粪变沼肥，肥果树，原来的秃山荒岭成了一片绿油油的果树林。

功夫不负有心人，马雪梅终于走出了一条科学治理水土流失、生态效益与经济效益双赢的成功开发之路。辛勤的汗水换来了丰厚的回报。现在，马雪梅承包租赁的600多亩山场，种果420亩，种油茶200多亩，种果连带养猪，一年毛收入五六十万元。她不仅还清了全部债务，自己还建起了一栋三层高的小别墅，占地100多平方米，又买了小汽车。

马雪梅富了，但她没有忘记父老乡亲们，她想让大家都过上好日子，于是她成立了家禽专业合作社，把全村村民都组织在合作社里，共同发展养殖业，并且雇请了两位养殖专家做指导，常常给大家讲课。

马雪梅被评上了市劳模，大家称赞她是治理水土流失的女能人。

"荒山愚公"黄金养

在三洲镇，黄金养被人们称为"荒山愚公"。

黄金养健壮魁梧，皮肤黝黑，一副农民实干家的模样，他是长汀县三洲镇果业种植大户，种植500多亩梅杨、200多亩茶叶，还建起了茶叶加工厂。

众所周知，三洲镇原来是严重水土流失区，黄土裸露，丘陵崩塌，一到雨天，大量的泥沙便从山上冲刷到河里。土生土长的黄金养自小就熟知水土流失的可怕。1998年，长汀县出台优惠政策，号召全县人民治

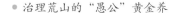

● 治理荒山的"愚公"黄金养

理水土流失，开荒种果致富，尽管许多村民还存在疑虑和观望，黄金养却毅然承包了300亩荒山，签订了50年合同，种植了梨、桃、油奈等树种。

荒山上沙石较多，一锄头下去，手就震得直疼。但是黄金养和妻子，每天起早摸黑地开荒、整地、种树，真像愚公移山一样，每天挖山不止。儿女们被感动了，每逢暑假也到山上来帮忙，经常累得两手磨出了泡。

辛苦对黄金养来说，并不可怕。黄金养怕的是下大雨。晚上如果一下大雨，他就一夜睡不安稳。因为光秃秃的山头根本无法贮水，果苗经常被雨水冲得东倒西歪，甚至被冲得无影无踪。黄金养常常雨后补种果苗，再冲走，再补种，几经折腾，几经反复，就像愚公那样，不怕困难，持之以恒，200多亩的果苗终于在荒山上深深地扎下了根。2000年，果和茶不仅获得了可观的经济收益，也绿化了荒山，涵养了水源。

2001年，黄金养又一下承包了500亩荒山，种植杨梅。在果园管理上，黄金养非常注重科技栽培，他经常请县林业部门的技术员现场指导。2006年，黄金养的杨梅树挂果了，年收入达到50多万元。在他的带动下，不少村民加入了杨梅种植的行列，全乡5亩以上的种植户达到了190户。黄金养凭着勤劳的双手，创造了一个又一个奇迹，多次受到省、市、县的表彰和奖励。他被光荣地评为省劳动模范。

他的孩子大学毕业了，他也赚了点钱，可以颐养天年了。儿女们劝他不要再劳累了，但是他已经深深地爱上了自己的果园，坚持着要干下去，妻子和儿女们只好默许了。近年来，他把子女们寄来孝敬他的钱也投入了果园的再生产。

现在，黄金养担任乡杨梅协会常务副会长，经常带领果农外出浙江等地学习取经，订购农机设备，推广果园机械化。他自己又投入30多万元，种了7万多株红花桂、含笑、罗汉松等树苗，预计3年后将发展到30万株，计划建成较大规模的风景树树苗生产基地。

黄金养已经到了花甲之年，但依然雄心勃勃，他说，他将继续发挥劳动模范的先锋带头作用，准备把眼光投向新的领域，发展旅游观光农业，把水土流失区建设成为生态旅游度假区。

2010 年 4 月，黄金养被评为"龙岩市劳动模范"。2013 年 4 月，又被评为"福建省劳动模范"。

生态建设的领头雁沈腾香

1997 年 4 月，沈腾香当选为策武乡南坑村党支部书记。

南坑村距离县城 5 公里，过去是个贫困村，村民没有钱就砍柴割草上城里卖，结果山越砍越光，造成严重水土流失，人越过越穷。

沈腾香当选村党支部书记后，经全国扶贫状元刘维灿推荐，沈腾香参加了全国西部地区县委书记培训班，成了培训班中唯一的"村官"。回来后，她对如何带领村民致富有了信心，在村两委会上，沈腾香说："南坑要发展，关键是要党员先动起来，治理好水土流失，改变穷山恶水的面貌。"

于是，她组织党员和种养能手到漳州石坑学习经验，在调查研究的基础上，她提出了庭院养鸡猪，能源用沼气，山上种果树，耕地

● 生态建设的领头雁沈腾香

烟稻菜，形成产业链，实施"猪—沼—果"生态农业模式的思路，要求每个党员、干部种果 10 亩以上，养猪 10 头以上，带动示范。

在刘维灿的支持下，南坑村成立了凌志扶贫协会，退休的县政协原主席廖英武积极指导，在南坑推行"协会＋农户"机制，为村民提供购买果树苗木、肥料、种猪等生产资金的担保，提供统一的技术服务。沈腾香带头上山开发种果十多亩，养母猪5头。她又动员村民种果养猪。村民袁连发就是不听，竟然说："不要再讲了，怎么讲都没用。"沈腾香说："那就让事实说话吧！"三年后，种果的人赚了钱，袁连发心动了，主动在山场种了20亩的油柰。

1999年，南坑村引进厦门树王银杏制品有限公司，创办集生产、休闲为一体的银杏生态园，落实山地流转机制，租赁村民山场2300多亩，修果园道路19810米，种植了2300亩银杏。沈腾香为支持银杏产业发展，把猪场建到银杏山场上，建起了100多立方米的沼气池3个，沼渣、沼液作为树王公司银杏的肥料。

在沈腾香的带领下，全村宜果荒山全部种上了银杏、油柰、桃、李等果树，种果面积7739亩，其中银杏4300多亩，有标准化生猪养猪场3座，人均种果5亩多，户均养母猪3头、菜猪20头，建沼气池180多口，建立"猪—沼—果"家庭农庄10个，成为远近闻名的"闽西银杏第一村"。

南坑村人过去没有种果、养猪的经验，在推广"猪—沼—果"模式中，沈腾香从县农业局、畜牧水产局聘请了3名技术人员，专门指导村民种果养猪，举办培训班，对果农、养殖户进行技术指导，并多次请福建农林大学、龙岩农校的教授、高级讲师前来传授种养技术，请来本县的种养土专家赖木生、艾洪金等到村里现场传经送宝，同时积极动员和选送党员、干部、种养专业户参加"农函大""农广校"学习培训。村办的图书室添置了几万册种植养殖的科技图书，方便村民借阅。现在大部分村民都掌握了1~2门实用技术，一支高素质的新型农民队伍逐步形成。

沈腾香非常关心困难户，她要的是全村人共同富裕起来，村民袁水火家庭比较困难，种果养猪缺资金。沈腾香联系凌志扶贫协会借钱给他种果，还经常到他家指导，后来袁水火养了十多头母猪，种果 40 多亩，建立了沼气池。村民袁茂盛是独生子女户，也被列为村里帮扶对象，当时的县委书记饶作勋到南坑村调研时，沈腾香特意安排他到袁茂盛家，袁茂盛家成了县委书记的挂钩联系点，在县委书记的支持下，袁茂盛得到了 3 万元的贴息贷款，种果 500 亩，养母猪 70 多头，年出栏生猪 1500 多头，成了种养大户，多次被评为村劳动模范。

为了树立全村勤劳致富、科技致富的文明风气，从 1999 年开始，沈腾香每年组织评选村劳模活动，通过调查摸底、各村民小组推荐、公示等程序，每年评出 10 名劳动模范，村里召开表彰大会，评选出的劳模披红挂彩，村委会为每位劳模发 1000 元红包。十多年来，全村共评选出 60 多位村劳模。此外，全村还评出村级道德模范 10 人、文明信用户 216 户、"五好家庭" 23 户，从而在村里形成了浓厚的文明风气。

在乡贤袁连寿和他的夫人刘维灿的大力帮助下，在县政协原主席廖英武的具体指导下，沈腾香发动全村村民为建设新南坑村而努力，拆迁了 480 平方米的"烂宅屋"，拆除了厕所、猪舍、旧房等 125 间共 3000 多平方米；兴建了集村两委办公、村民文化娱乐、农民科技培训为一体的"农民之家"。新砌防洪堤 42 米，清理河道 1800 米，清理排污水沟 32 条 4300 米，新建生产生活道路 32 条 3100 米，新建房屋全部统一了立面，院落整齐清洁。接着又投资 200 多万元，将村主干道扩建成长 3.28 公里、宽 6.5 米的水泥大道。并且规模种植大棚蔬菜 100 多亩，带动全村流转土地 270 多亩，规模种植蔬菜、烤烟、草莓等经济作物。

与"农民之家"相配套，建设了占地 1650 平方米的农民运动场，建设客家文化广场。还投资 600 万元，兴建库容 165 万立方米的绿泉水库，可解决全村农田引水灌溉问题。南坑村在沈腾香带领下，从一个山秃人穷的严重水土流失村，连续两届荣获"全国创建文明村镇工作先进村""省级文明村""省先进基层党组织"等荣誉称号。沈腾香也先后获得全国"三八红旗手""省优秀共产党员""全国老区妇女创业创新标兵"等荣誉，连续三届被选为省党代会党代表。

在沈腾香的带领下，南坑村两委又提出了新目标：要把南坑村建设成为生态良好、群众富裕、和谐稳定的城郊农村休闲山庄，以"银杏生产、生态南坑"为主题，发展乡村旅游业，目前第一期生态体验已种植大棚蔬菜 150 亩，20 亩集养殖、垂钓、餐饮、休闲为一体的休闲渔业已投入运营，客家文化广场、南溪水景走廊、银杏山庄会议、亭台楼阁正在建设完善，以"绿泉水库"为核心的水上乐园已列入项目规划。南坑村已引进厦门客商，总投资 5 亿元，开发南坑乡村旅游项目，这将使南坑的新农村建设迈上一个新的台阶。

林慕洪退而不休治荒山

林慕洪原是龙岩市第一医院老年科主任医师，老伴张月花是龙岩市防疫站教授级主任检验师，夫妇俩退休金每月有 1.2 万多元，在龙岩市区又有宽敞舒适的住房。林慕洪退休时，龙岩的一些医院以优厚薪酬争相聘请，但被他拒绝了。他选择回家乡治理荒山。

林慕洪回到四都，看到位于红都、同仁、羊古岭三村交界的王坑水土流失严重，长期荒废，光秃秃的山头，仅有几棵长了 20 多年才有十多厘米高的老头松，心痛不已。他请来本省的福州以及江西、湖南等地的林业专家考察论证，专家们一致认为，这里适宜种油茶。

林慕洪想，种油茶树，只要树能种活长大，不仅能绿化荒山，还能带来经济效益，何乐而不为呢？于是，他找亲朋好友筹集资金，租赁了 5000 亩山场，上网查资料，到外地取经，请来林业部门技术人员做规划、当指导，雇了 200 多名工人劈山、挖穴、回土，第二年春天就种了 600 多亩油茶。他风里来雨里去，不辞辛苦，4 年后种了 4600 亩的油茶，原来的荒山一片葱郁。

为了让茶树长得更好，每年需要施一次肥，3000 多元一吨的复合肥要用六七十吨，加上人工费用，仅施肥这一项就要花去 40 多万元，但是林慕洪治理荒山不惜本钱。

林慕洪又吸取"猪—沼—树"生态种养模式的经验。根据专家的建议，他在挖过稀土矿不能种植的地方，盖了 20 多栋标准化猪舍，砌了 5 个 300 立方米的沼气池，铺了 1000 多米的硬塑管道，建起了有 200 多头母猪、年出栏 3000 多头商品猪的大型养猪场。养猪场的管道都是从地下走的，雨、污分流，输送到收集池，产生沼气可利用，沼液又通过管道抽到山上作油茶树的肥料。走进猪舍，闻不到一点臭味，保育栏地板下布了热水循环管道，干燥、温暖，一天打扫冲洗好几次。环保部门来环评验收，一下子就通过了。通过猪粪变沼液作油茶树的肥料，他降低了不少成本。

林慕洪不但自己治理荒山，奉献家乡，2011 年 8 月还动员从江西农业工程职业学院毕业的儿子林鑫荣回来，到王坑山场协助管理油茶、猪场。小林在大学学的是财务管理，发挥自己的特长，在饲料、预防免疫、接种药品等开支上精打细算，了解市场行情，减少不必要的费用，一年节约了 30 多万元。小林还运用参加油茶种植培训班学到的技术，提出采取前埂后沟小平台挖大穴的办法，既保土保水又保肥。看到儿子的成长，林慕洪很放心，2013 年 6 月，他把归龙农牧有限公司总经理的担子让小林挑起来。

林慕洪回乡治荒山、种油茶、办猪场，并没有放下听诊器。每逢农历初十、二十五这两天四都镇赶墟的日子，他就到四都卫生院义诊，因为是老专家，来就诊的病人络绎不绝，每次都要看四五十个病人，忙得连中午饭也只能草草打发。平时，他在茶场的办公室成了诊疗室，每天都会有好几位病人慕名上门找他看病。

后来,林慕洪又再次扬帆,于四都镇的新华、渔溪村租赁山场 1000 亩,建设优质丰产油茶示范基地。林慕洪 65 岁了,却要为建设生态家园谱写更新更美的篇章,他的事迹感人,被评为"2013 年感动福建十大人物"。

参考文献

莫志强:《情注家乡水土保持》,见福建省龙岩市政协文史和学习委编《闽西水土保持纪事》,政府内部资料。

张红斌:《为了圆一个绿色的梦》,见福建省龙岩市政协文史和学习委编《闽西水土保持纪事》,政府内部资料。

萧衍锋:《廖英武的银杏情结》,见福建省龙岩市政协文史和学习委编《闽西水土保持纪事》,政府内部资料。

范启麟、陈天长等:《"长汀经验"群英谱》,见福建省龙岩市政协文史和学习委编《闽西水土保持纪事》,政府内部资料。

刘永泉:《我的水保情缘》,见福建省龙岩市政协文史和学习委编《闽西水土保持纪事》,政府内部资料。

陈天长:《退而不休治荒人》,《汀州客家》2015 年秋季号。

第七章

绿梦成真

| 大美汀州 | 生态家园 |

种瓜得瓜，种豆得豆。有着革命传统的长汀人民在共产党的领导下，通过锲而不舍的努力，在治理水土流失的攻坚战中，终于取得了伟大胜利，迎来了春华秋实。如今，绿回汀江畔，展现在人们眼前的是一派郁郁葱葱的景象，处处生机勃勃，山清水秀，花果飘香。原来水土流失最严重的露湖、南坑、三洲、宣成等农村都发生了巨变，实现了生态美、百姓富，成为美丽新农村。长汀成为治理水土流失的一面旗帜，然而，"进则全胜，不进则退。"长汀人民又扬起了更大的风帆……

第一节
绿回汀江

数十年来，特别是近十多年来，长汀人坚持不懈治山治水，终于唤回春风，让绿色回到汀江。如今踏上当年最严重的水土流失区，你再也看不到"四周山岭尽是一片红色，闪耀着可怕的血光"，展现在眼前的是一派郁郁葱葱的景象，处处生机勃勃，山清水秀。

● 绿回汀江畔

走进占地 1818 亩的河田世纪生态林，那是一片浩瀚的绿色海洋。放眼看去，满山深深浅浅的绿色，绿得青春鲜活，绿得深远博大，绿得丰腴、坚挺而张扬，仿佛是酿造了几千年的甘醇玉液，让你酩酊大醉。夏天置于林中，可以听到持久而平和的蝉鸣。山林里还不时传出"咕咕"的声音，那是山鸡求偶的叫声，深沉急切。山雀和黄鹂也来争相歌唱，婉转动听。风起了，徐徐地吹过，树叶哗哗地响，好像是哪个乐团正在演奏大合唱。

登上河田最高峰乌石岽，站在观景台极目远眺，更是壮观：生态林草木丰茂，经济林规模成片，块块农田镶嵌其中，绿色波涛连绵不断，从脚下向远处奔腾，覆盖了四周的山岭，荡漾着起起伏伏、团团簇簇的绿波，或墨绿、或翠绿、或淡绿、或碧绿、或葱绿、或黄绿、或鲜绿、或嫩绿……琳琅满目的绿，真是"万山拥翠绿参差"！

水土不再流失了，昔日河比田高，今朝碧水如镜。生态环境改善了，人们从贫困中解脱出来。过去因为缺水种不上水稻的罗地村，如今土地

● 今日河田青山绿水、稻田金黄

已经都能种上双季稻了，而且产量高，亩产达到上千斤，人们种一年粮够吃二三年，再也不吃番薯头了。河田镇的土地肥了，近十年来走出了三个全国种粮大户。村民的经济收入也大大提高，人们除了种水稻，还种芋头和烟叶，家庭年收入达到十多万元。村里有 20 多个养猪户，年收入也有十多万元。罗地村富了，水泥路修到村里来了。现在，不仅家家有摩托车，不少家庭还有小轿车，一个仅 1533 人的小村，竟拥有四五十部小车。当他们开着小车融入外面的世界，有谁知道，这就是当年从"火焰山"走出来的罗地村人呢？

在策武乡的南坑村，爬上村子后面的山头，放眼四处，也是绿意盎然，满山的桃树、梨树、油柰，绚丽多姿。漫步在桃林里，仿佛走进了陶渊明笔下的桃花源，忍不住放声歌唱；在南坑 2300 亩银杏种植基地，几万株的银杏树汇成茫茫的树海，让你目不暇接，让你惊叹不已！你怎么也想象不到，这里曾经是严重水土流失区，是"山光、水浊、田瘦、人穷"

● 南坑村万亩银杏园

的地方，想象不到南坑曾被人讥笑为"难坑"。

策武乡的南坑村发展特色种养业，"草——木——沼——果"循环种养生态农业，有力地推进了经济发展，按水土保持要求，修路筑沟，建蓄水池，办养殖场，种植银杏4万多株，年产值可达1000万元，成了"闽西第一银杏村"，加上养猪、种茶、种果，村民早已脱贫致富了。

今天的南坑村，平坦宽阔的村道旁清溪潺潺，水车徐转，一排排带着明显客家建筑风格的农民别墅沐浴在煦暖的日光里。映入眼帘的是村子青山环抱，明亮清澈的小溪从远山深处潺潺而来穿村而过。溪的两岸阡陌纵横，庄稼四季常熟，农家别墅依山而建，小桥流水，静谧农家，行走在村中，犹如走进了一幅水乳交融的水墨画里。今天的南坑村以推进社会主义新农村建设为契机，围绕把南坑建设成"生态良好、群众富裕、和谐稳定的城郊农家休闲山庄"为工作目标，以发展乡村旅游业为抓手，全面调整农业产业结构，大力发展以"猪——沼——果（菜）"循环经济模式为代表的绿色生态农业，走出了一条农业观光和乡村旅游发展之路。

该村与远山公司开展村企合作，通过租赁、入股、互换等形式与农民签订耕地流转协议，种植大棚蔬菜6.67公顷，开发20公顷的大田蔬菜种植基地。这里设置了"周末农夫"，可以让孩子认种、认养心仪的蔬菜花果，可以让您和家人朋友一同体验田间地头种植与收获的快乐。

水激活了南坑的灵气，水点亮了南坑的生机。库容165万立方米的绿泉水库成了水上乐园，人们或游泳、或泛舟、或在库区的亲水平台上静静地沉思，流连于青山绿水之间，山灵水动，没有人不顿生情愫。200多亩的水面养殖，集养鱼、垂钓、餐饮、休闲为一体。垂钓区里轻抛弧线，荡起一片片涟漪；湖中亭阁，烟雨中留住多少游客的脚步；在鱼塘边错落有致的竹舍木屋里或品茗、或小酌、或全鱼盛宴，与三两好友静静地坐在一起，抛开都市的喧嚣，与心灵最近，让您的身心得到彻底的放松。

● 今日南坑美丽乡村

　　南坑变了，土地使用权全部转让给了公司，农民得到了钱，有人买了车、有人建了房。打工成了主要的生计方式，近的到长汀，远的赴厦门、北京等。年轻人去了外地，孩子进城上学，老人在村里休闲时常常诉说当年的苦，感激今年的甜。

　　如果是杨梅成熟的季节来到三洲，那又是另一种美景：漫山遍野的杨梅树，葱茏翠绿，红艳艳的杨梅果缀满枝头，绿叶红果，分外妖娆，会让你无限惊喜！这里的杨梅，个个深红、果大、味甜、不信你不馋得涎水直流。如果说，这里的山过去就是"火焰山"，你会信吗？20世纪40年代福建省研究院某位学者对长汀河田地区（包括三洲）水土流失的可怕景象做过预言，他悲观地说："数十年后，溪岸沙丘将无限制地扩展，河田也将像楼兰一样变成毁墟。"

● 三洲镇万亩杨梅基地

　　可惜，这位预言者没有看到长汀的奇迹和翻天覆地的变化。1993年，长汀县从浙江台州引进东魁杨梅品种，试种6.67公顷，1998年成功挂果。2000年，在三洲、河田两镇水土流失最严重的荒山上，长汀县林业局规划建设万亩杨梅林基地。2001年，长汀县林业局从三洲镇的集体和村民手中流转了266.67公顷水土流失地，试种杨梅，期限为50年，租金每年每公顷15元，按年支付。林业局委派4名技术人员蹲点三洲镇，专人专项负责万亩杨梅基地建设。到2011年止，累计种植的666.67公顷杨梅，绝大多数过了初果期，有些杨梅林已经达到了盛果期。在杨梅良好的经济效益吸引下，在杨梅种植基地的示范带动作用下，长汀县杨梅产业发展迅速。到2013年，长汀县共种植杨梅林1533.3公顷，约占全国种植面积的1%。杨梅成为长汀县一大特色林副产品。

　　杨梅林需要精细管理，劳动力投入很大，家庭或小规模企业经营杨梅更具优势。2005 年以来，长汀县林业局向农户与企业转让杨梅林经营权，根据位置和树木大小，以每公顷 45~75 元不等的价格出租。这些承包的农户与企业自发成立了三洲杨梅协会，交流种植技术，分享种植经验。林业部门先后在三洲、河田租赁荒山 800 公顷种植杨梅，探索种管模式的创新。先集中连片种植，由县林业局管理 3~5 年，待接近初果期成林后，再采取拍卖、承包、租赁等方式，引进私有企业来实施后续管理，或把部分果园无偿划包给当地林农，管理收益归林农。

在杨梅产业发展实践中，长汀县探索出了政府、企业和当地社区协同分工的水土治理之路，昔日"火焰山"变成了"花果山"。三洲杨梅产业基地已经成为长汀县生态旅游的重要目的地。三洲乡种植杨梅 1.2 万亩，年产杨梅 100 万公斤，被誉为"海西杨梅之乡"。在杨梅产业的带动下，森林人家、农家乐等乡村旅游项目红红火火，效益很好，每户收入几十万元。

长汀人治理水土流失凭借一股韧劲，坚持不懈，持之以恒，一届一届的省、市、县领导关怀推动，一代一代的干部、群众、科技人员用汗水和心血共同浇灌，以"滴水穿石，人一我十"的精神治理，终于实现了山河惊变、一江两岸、绿色富民、绿梦成真。

绿回汀江两岸，昔日的火焰山披上了绿装。2000 年以来，长汀共治理水土流失面积 117.8 万亩，占全县水土流失总面积的 80%，治理区植被覆盖度达 75%~91%，径流含沙量下降到每立方米 0.17 克。鸟兽昆虫回到山上，河边常见白鹭迁回飞翔，它们在这里觅食、嬉戏，展示出一幅和谐的自然画卷。置身于这一幅山水画中，享受人与自然的和谐，真有"采菊东篱下，悠然见南山"的快乐。

绿回汀江两岸，过去寸草不生的山上种上了桃树、梨树、油奈、柑橘、杨梅、银杏……座座青山，处处果园，花果飘香。过去"山穷水哭"，现在是"山欢水笑"，一层层的梯田长着水稻，一排排的茶树长势喜人，生态农业的改善有力地促进了农业生产。绿化的是荒山，造福的是百姓。通过发展果业、养殖业和农副产品加工业，产业发展得以推进，生态恢复带动了群众致富。人民群众的生活水平大大提高，从此摆脱了"头顶大日头，脚踩沙孤头，三餐番薯头"的苦日子，过得扬眉吐气了。

绿回汀江两岸，千年古城青春焕发，促进了旅游事业的发展，游客一载一载地来了，上丁屋岭看古井、观瀑布、听润牛湖的故事；到龙门、屈凹哩等地漂流，观赏十里画廊……汀江则载着人们的欢乐，滚滚滔滔，继续向南流去。

● 今日长汀绿意盎然

第二节
露湖巨变

露湖村是长汀县河田镇的一个行政村，位于河田镇南部，与南山镇毗邻。早在土地革命斗争时期，露湖村人民为革命事业做出了重大贡献，特别是在为保卫苏区而战的松毛岭战斗中，露湖村人民从人力、物力、财力等各方面大力支援，全村在册革命烈士有钟林发、丘银川、沈克裕等 30 位。这是一块红色的土地。现在 319 国道穿村而过。全村辖 8 个自然村，11 个村民小组，现有 502 户 1997 人，其中党员 50 名。全村拥有耕地 1455 亩，山地 12423 亩。

露湖村原是河田境内水土流失最为严重的地方，全村 70% 以上的山地都是光头山、火焰山，"山光、水浊、地瘦、人穷"是这个地方的写照。从 20 世纪 80 年代起，镇党委和镇政府将它作为全镇治理水土流失的重点村，实行综合治理，全面封禁山林，保护植被，创新"等高草灌带"治理方法，大力推广"草——牧——沼——果（菜）"生态开发治理模式，开发种植了板栗等果树 2600 亩，建立了一个 320 亩无公害蔬菜种植基地，发展瘦肉型生猪生态养殖示范场 13 个，把治山与治穷、发展绿色产业有机地结合起来，取得了良好的经济效益和社会效益。

21 世纪初，露湖村规划 1818 亩山地建立世纪生态园，广泛发动社会力量营造纪念林，园内设有公仆林、青年林等 15 个园区，以及水土保持科教园一个，已成为水土流失区园林绿化的精品，又是水土流失区生物治理的典范。截至目前，全村共治理水土流失面积7818亩，占水土流失总面积的86.3%，森林覆盖率达到89.9%。

经过多年的治理，"荒山"成了"绿洲"，露湖村昔日的面貌改变了，露湖村正朝"生态家园"转变。2005年冬，省委办公厅下派黄志锋到该村任党支部第一书记。黄志锋经过认真调研，在县农业局、河田镇党委、政府的指导下，经过村两委深入讨论研究，决定把发展绿色蔬菜产业作为调整种植结构、增加村民收入的突破口来抓。2006年，露湖村被定为市级新农村建设示范村。

村里1110个劳动力中，有700余人外出打工，不少耕地抛荒或面临抛荒，农户分散种植效益低。针对这种情况，通过充分酝酿，该村组建了长汀县绿野种养专业合作社。合作社按依法、自愿、有偿的原则，宣传动员大路口至丘坑、大路口至洋古坑等3个自然村，5个村民小组，143户农户，把320亩耕地以每亩年租金320元，出租给合作社。农户自愿将这320元土地流转现金作为入股资金，年终利润分红，建立起连片的绿色蔬菜基地。

发展绿色产业，要靠科技支撑。为确保农民增收，绿野种养专业合作社引进闽西绿欣农业公司入股20%，绿欣农业公司负责提供甜玉米、毛豆等优质种苗，派出2名技术员驻村现场技术指导，负责市场销售，合作社雇请入股农户，分成3个作业组，每人日工资30元，对基地蔬菜进行种植管理，从而使320亩绿色蔬菜基地做到统一品种、统一种植、统一栽培技术、统一病虫害防治、统一销售，探索出一条土地流转新路子。通过承包土地入股经营，土地从资源向资本转化，一方面可以解决劳动力不足问题、遏制土地抛荒撂荒；另一方面可以形成规模化种植、集约化经营，实现农民增收的目标。

在种植现场，30多名妇女结成10多个对子，一个挖穴，一个栽种。

大路口 4 组的肖金金说，她入股耕地 3.125 亩，每年租金收入 1000 元；在基地打工，按年投工 150 个来算，可领到 4500 元；而且还能把过去抛荒的一亩边远耕地收回来自己经营，可以说是"一举三得"。

在上级党委、政府的正确领导下，露湖村立足村情、抢抓机遇、开拓创新，经济及社会事业呈现较好较快的发展态势，2006 年被定为市级新农村建设示范村，2008 年 10 月被列为全省第二批社会主义新农村建设"百村示范"试点村。2011 年被确定为县级党建综合示范点。露湖村以创建县级党建综合示范点为动力，把发展目标定位为"紧紧围绕一个核心、精心培育三大产业、着力打造五个基地、扎实实施十大项目"。

"一个核心"，即努力打造中国南方水土保持的一面旗帜；"三大产业"，即生态林业、生态农业、生态旅游产业；"五个基地"，即水土保持基地、大棚花卉种植基地、板栗种植基地、槟榔芋种植基地、农村休闲旅游基地；"十大项目"，即投资新建一座村级农民文化活动中心，连片种植一个千亩板栗园，引进落户一个钢架大棚花卉种植园，巩固种植一片千亩槟榔芋基地，开发建设一个景观农业种植项目，启动实施一项电补惠民措施，规划建设一个大路口农民新村，培育打造一个农村休闲旅游基地，组织实施一批水土保持项目，改造完善一批农田水利基础设施建设。力争通过以上项目的实施和带动，加快建设一个漫山翠绿、花果飘香、环境优美、经济发展、人文和谐的社会主义新农村。

在大棚花卉种植基地，一片一片塑料大棚组成的方阵，整齐地排列在马路的一侧，走进大棚，数以万计的各色非洲菊绽放着，红的像火，黄的似金，紫的如茄……五彩缤纷，婀娜多姿，香气四溢，不仅净化了空气，点缀了田野，还诱来各地花卉经销商，他们常年到村里收购花卉，带来了很好的经济效益。花农大多是年轻的妇女，也有六七十岁的老人在这里发挥余热。

● 露湖村花卉基地

　　经济发展了，露湖村委围绕"支部强、产业兴、环境美、百姓富"的要求，整合利用各级各部门的帮扶资源，建一个美丽乡村，准备拆除16栋旧房空心房，完成沿319国道两边44栋房屋的立面装修改造，并建成标准化花卉基地。起初，有人想不通，觉得老房子还能住，何必拆呢？不是劳民伤财吗？但后来看别人建起的新房那么漂亮，也羡慕不已，深感有必要改善住宿条件，于是也拆去旧房，改建新房。

　　为了让村庄美起来，村党支部书记罗群英积极努力，请来龙岩市规划局支持编制露湖村新村规划，多次进城找国土、住建、水保水利、交通环保等部门，争取到了支持。如今，新居工程完成了47户客家风格新居建设，50栋72户旧房统一装修；道路工程完成环山公路和林内道路共3公里的水泥路面硬化；完成了850米的环村小溪河道治理和生态护

● 花农在花卉基地工作

岸建设；建设夜景照明路灯 87 盏，沿溪建起了仿古拱桥、休息亭、绿化景观，种植绿化花圃 1000 多平方米，完成篮球场、农家书屋、农民公园等活动场所建设。5 项工程总计投入资金 1000 多万元。

为了让乡亲们富起来，罗群英又引来客商，合股投资 200 万元，流转土地 120 亩，建大棚鲜切花种植基地，日产鲜切花 500 扎，日收益 4000 元以上。基地流转十多户贫困户、计生户耕地，招收他们到基地劳动。露湖村结合新村建设和水土流失治理，这几年培育了千亩板栗基地、100 亩珍稀苗木基地、600 亩槟榔芋基地，村民人均纯收入逐年增加，2015 年人均纯收入 10326 元，比 2012 年增长 50.79%。一个"美丽露湖"正渐次呈现在人们面前。

露湖村已经建成了现代化的宜居新村，农民公园、农民文化活动中心、休闲广场、公园绿地、照明路灯等公共设施齐备。人们现在走的是干净整洁的水泥路，住的是标准设计的绿瓦房，做的是现代技术的规模农业，赚的是技术钱，玩的是健身运动，吃的是无公害蔬菜。目前，露湖村在进一步壮大大田经济、林下经济的同时，正在围绕水保科教园和良好的生态环境，谋划发展生态休闲旅游产业和庭院式"农家乐"绿色经济，进一步拓宽村民增收渠道，努力实现"生态美，百姓富"的有机统一。

第三节
三洲湿地

三洲镇，原是全国闻名的严重水土流失区，沟壑纵横、山头裸露、满目疮痍，被人们戏称为"火焰山"。改革开放以来，当地积极探索水土流失开发性治理的路子，在荒山上试种东魁杨梅，产出的东魁杨梅早熟、味甜、个大，具有较高的经济价值，该镇经过多年的努力，成为闽西闻名的"杨梅之乡"，昔日的火焰山，如今满目青翠，杨梅飘香，已经成为名副其实的"花果山"。

为了进一步搞好生态建设，在上级党政领导下，2012年7月，三洲湿地生态公园拉开建设大幕。在国家林业局湿地办的指导下，三洲湿地公园扩大面积，提升为汀江国家湿地公园。这是福建省第四个国家湿地公园，是唯一的河流湿地公园。公园不仅保护现有的汀江河流湿地，而且是对外展示几十年来水土流失治理成果的重要基地。

三洲湿地公园总占地面积22平方千米，范围涉及河田、三洲、濯田3个乡镇12个行政村，涵盖汀江及其支流河道28.5千米。按国家5A级景区标准将建设成以河滩、沼泽为主，聚农耕湿地、文化湿地为一体的综合性湿地公园，打造"水乡风情画廊""古镇文化体验区""现代生活休闲区""生态田园度假区""水土保持科教区""低碳生活体验区""一廊五区"，分为近、中、远三个阶段8年建设期。

● 三洲湿地公园一角

　　近期实施公园核心区湿地生态园项目、汀江拦河坝蓄水工程、景区道路拓宽改造工程、古镇街区整治提升工程、游客接待中心等服务设施工程；中期实施三洲至河田沿河景观大道、汀江和南山河"一江两岸"防洪及生态修复工程、湿地水源湾坑水库工程等；远期将以建设水土流失试验区和生态观测站方式，打造高端度假区、休闲运动区和各学术会议实践基地，总投资 5 亿元以上。

　　湿地公园以客家母亲河"汀江保护"为主题，展示长汀水土流失治理和生态文明建设成果，规划打造集汀江生态修复典范、水土流失地区生态建设新模式、中亚热带典型河流湿地保护地、汀江特有鱼种保护恢复地于一体，生态环境恢复良好、物种多样性丰富、公园形象突出、景观特色鲜明、基础设施完备、湿地风景优美的国家湿地公园。

　　湿地公园按照春、夏、秋、冬四季打造景观，分别种植了山樱花、紫薇、银杏、荷花等，让公园内四季均有美景。为防止水土流失，湿地公园核心区周边山场已种植了多种植物，包括大量耐贫瘠的杨梅树。杨梅的种植有利于水土保持，并且带动了生态旅游以及第三产业的发展，给当地带来较大的经济效益。

三洲镇还着力做好概念性规划，策划更多项目对接中央和省有关部门支持，同时制定更优惠的招商政策吸引外资参与，加快景区基础设施建设、古镇建设、河滩建设、湿地公园核心区建设和农庄开发建设，按国家级湿地公园标准，建设湿地公园"一环、两湖、三洲"；以三洲现有几片千亩农田引进台湾农林高科示范园，带动当地居民生态种养；以丘陵低山坡及万亩杨梅生态优势，开发建设各种农庄。

2014 年 11 月 11 日开园迎客。湿地公园设置了保育区、宣教展示区、合理利用区和管理服务区等 4 个功能区，并建立了中国杨梅博物馆。在保护湿地资源、景观资源基础上，公园形成了集"客家母亲河——汀江生态修复典范""南方丘陵水土流失地区湿地生态建设新模式""汀江特有鱼种保护恢复地"于一体的特色生态旅游区，成为展示长汀县水土治理和生态文明建设成果、丰富人民精神文化生活的绝佳载体。

湿地公园成了三洲镇一张国家级生态名片，昔日的荒谷僻壤，如今蓝天白云，绿水青山，空气清新，环境幽静，一年四季红花绿叶。公园集河流湿地保护、生态文明建设、科研监测、休闲体验于一体。许多野生动物已经在这里安营扎寨，到处可见候鸟飞禽。它以独特的生态美，成为市民休闲赏景的好去处。波光粼粼的湖面，游鱼翕忽往来，岸边苇枝丛生，鲜花竞放。沿电瓶车道一路欣赏，小径两旁绿树成荫，水面上新建成的观赏栈道蜿蜒曲折，美不胜收，让人心旷神怡。

湿地不仅是人们休闲的好去处，它还具有净化污染物的功能。沼泽湿地中有相当一部分的水生植物包括挺水性、浮水性和沉水性的植物，它们具有很强的清除毒物的能力，是毒物的克星。因此，人们可利用湿地植物的这一生态功能，来净化污染物中的病毒，达到净化水质的目的。

湿地公园的建设是推动区域社会经济可持续发展的"催化剂"，它通过生态保护和生态环境的改善，体现人与自然和谐共处的境界。

湿地具有强大的环境调节功能和生态效益，是人类最重要的环境资本之一，它在提供水资源、调节气候、涵养水源、均化洪水、促淤造陆、降解污染物、保护生物多样性和为人类提供生产、生活资源方面发挥了重要作用。

湿地公园的开发利用对促进生态文明建设、美丽乡村建设，推动地方经济和社会发展，都具有重要意义，向人们展示了农耕文化、红色文化、客家文化和生态文化。

● 三洲湿地公园一角

第四节
美丽画卷

水土流失的治理是一项浩大工程。经过30多年拼搏，长汀投入了巨大的物力、财力、人力、精力，终于取得巨大的成果。今天的长汀，处处满眼翠绿、果树飘香，每一个乡镇都有巨大的变化，山山水水组成了一幅长长的画卷，美丽璀璨，令人赏心悦目。

位于长汀县南部的宣成乡，距离县城66公里，是中国人民解放军上将、全国政协原副主席杨成武将军的家乡。这里过去水土流失严重，经常闹旱灾，造成颗粒无收，群众生活十分贫穷，甚至饮水都困难。这里一句顺口溜："上畲、下畲，没水煎茶"，充分说明了这里群众的难处，灌溉用水就更不用说了。治理水土流失以后，特别是岭背迳水库竣工以后，畲心、中畲、在背、下畲8000余人饮水问题解决了，3500亩耕地得到了灌溉用水。当中畲3.5万伏变电站投入使用后，村村通公路、电话、有线电视，农网改造全乡完成。境内公路全部黑色化，集镇建设初具规模。

宣成乡经济和社会发展上了一个新台阶，基础设施日臻完善，交通便利。种、养、加工业得到发展。许多村都种上反季节蔬菜；全乡有果场4500亩、竹林14500亩。乡党委、政府以诚信为本，为投资者营造一个宽松的投资环境。鼓励合作，开发养殖河田鸡，建瘦肉型猪场，兴办来料加工劳动密集型工厂及早酥梨深加工工厂、竹制品厂等。

在有关部门的扶持下，当地还建立"红土同心花卉基地"，大面积种植罗汉松、茶花和桂花等名贵花木，投入14万元建设喷灌设施，并按每亩贴补100元的奖励机制，鼓励村民种植油茶250亩，油茶长势良好。

下畲村还被列为市级美丽乡村建设示范点，市里投入200万元，县里投入300万元，用于基础设施建设，包括道路、水渠、机耕道建设和水沟改造等。同时，民生事业也得到改善，建设了村民活动场所，安装了路灯，环境得到绿化、美化，建立了垃圾场等保洁设施，还投入500多万元修缮古民居，村容村貌焕然一新。

濯田镇北面水头村，全村土地总面积36860亩，林地28470亩，耕地1631亩，村口有俗称为"狮象把水口"的两座山环抱，清澈见底的溪流穿村而过。沿溪两岸杨柳婆娑，绿树环绕，钟灵毓秀。弯弯曲曲的村道上，数十幢明清古民居分布两边，连成一片。其中，古色古香、拥有九厅十八井的"司马第"宏伟壮观；赖氏宗庙龙山祠占地1000多平方米，厅堂宽大，另有配厅，青砖瓦面，石板铺阶，飞檐翘角，雕龙画凤，蔚为壮观，与"司马第"同时被列为县级文物保护单位。另外，还有立有石桅杆的清代古居；光绪年间厦门胡里山炮台管带，后擢升为"武显大夫"的炮台将军赖启明故居履化祠；还有积庆祠、衡石祠、大宾祠等。

铁长乡张地村地处闽赣两省四县接合部一条狭长的深山山谷中。该村发挥"生态、竹海、溪流"等优势，稳步推进"生活甜美、村庄秀美、环境优美、社会和美"的美丽乡村和旅游胜地开发建设。

在保持原有山村风貌的基础上，张地村进行科学布局，投入200多万元，增添了一系列相得益彰的小建筑、小装饰，凸显了村庄的朴实高雅，又留住了浓郁的乡愁，成为广大游客流连忘返的"世外桃源"。该村还充分发挥现有的资源优势，结合实际，引导村民种植优质果树，发展农事采摘、挖笋等旅游体验项目，进一步实现"生态美、百姓富"的美丽乡村建设目标。

● 铁长乡竹海

● 铁长乡茶山

这里民风淳朴，随处可见瓦房泥墙。当地还保持着舞龙灯、闹元宵等传统的民俗节庆活动，是一个充满生态旅游魅力的美丽乡村。

坐落于童坊镇北部的彭坊村，共有 6 个自然村，12 个村民小组，1550 人。耕地面积 1439 亩，山林面积 2.1 万亩，森林覆盖率达 98％。该村一面靠山，两面临水，既有山之韵，又有水之灵，展示了枕山、环水、面屏的山水格局，是种养殖业的天然宝地。

● 童坊镇马罗村层层梯田稻花香

1927 年，彭坊村的穷苦农民在革命先辈王仰颜同志的领导下，举起革命红旗开展了革命斗争，并于同年 7 月建立了"红光区"。从彭坊建立"红光区"到全国解放，一个只有千余户的苏区村庄共有 300 多人为革命而牺牲。

彭坊村文化底蕴很深，有千年古刹"广福院"，有千年古树南紫薇，有丹霞景观"龙藏寨"，有明清遗风"吊脚楼"，有客家风情"古街坊"，有省级非物质文化遗产"长汀客家刻纸龙灯"，等等。

在党的富民政策引导下，全村大力发展多种产业，以烟叶种植、香菇种植为主导产业，村民的经济水平得到提高。近年来，彭坊村按照"保护为主、合理利用、传承发展"的工作方针，把抢救、保护和开发利用古村落列入重要的议事日程，致力把彭坊建设成集历史、客家、红色、生态文化为一体的宜居、宜业、宜游的古村落。2013年彭坊村被列为县级美丽乡村建设示范点。

古城镇的丁屋岭是个美丽的山寨。山高林密，曲径通幽，风景如画，原生态的建筑风貌让人流连忘返。

山寨民居独具特色。百姓建房都用本地特有的页岩作为材料，山寨吊脚楼随着地势，依山而建，高低起伏，错落有致。粗糙雄伟的石寨门，敞开式的老祠堂，乾隆年间的老古井，无不向你讲述着丁屋岭的古朴厚重。

这是一座拥有800年历史的客家古村落，被誉为客家山民原始生活的活化石。新西兰前女总理珍妮·希普利和韩国影星张瑞希曾慕名前来观光。

据悉，丁屋岭最为奇特的是村内近千年来无蚊子生存。相传，丁屋岭一年四季无蚊，皆因山脚下那石蟾蜍，年年岁岁匍匐于地，嘴巴朝向丁屋岭，把村里的蚊子全吃了。

传统工艺在丁屋岭至今仍然传承，扎花灯、打铁、造纸、酿酒、竹编、制茶、榨油等工艺，生生不息。理发店、豆腐坊、猪肉铺、磨坊碓寮、药铺油坊、砻谷车等随处可见。丁屋岭每逢传统节日、婚丧嫁娶、乔迁新居等，都要举办传统仪式，演木偶、唱大戏，既隆重又热烈。

丁屋岭以"忠孝为本、耕读传家"为家训，历史上走出了许多名人志士。最著名的"丁屋岭三杰"——清官江怀廷、文学家江瀚、诗人江庸的故事至今还被人们津津乐道。

丁屋岭离城很近，离尘很远。每当夕阳西下暮色笼罩，一派安静祥和，恰似一幅美丽的山水图画，溢满乡愁。

2006 年，经过中央统战部和宝龙集团的专家实地考察，河田镇南山下村被列为全国社会主义新农村建设示范村，三年给予 900 万元的资金扶持。该村紧紧抓住这一机遇，通过抓产业、强教育、建新村三步同时迈进的措施，镇党委、政府引导，村两委、理事会牵头，群众主体参与，扎扎实实推进新农村试点建设。

结合该村实际，南山下村提出以发展河田鸡养殖、建立精品竹林示范林为主导的经济产业，成立了南山下远山种养专业合作社，采取"公司＋合作社＋农户"的方式，实现产业"产、供、销"一条龙服务。同时，充分利用宝龙集团产业发展扶持基金，解决部分群众的资金困难，该村现有河田鸡养殖 1 万羽以上的专业户 10 户，庭院养殖散户 65 户。合作社对 12 户河田鸡养殖专业户兴建鸡舍，实行以奖代补，每户奖励 1000~3000 元。为确保资金滚动发展，与县信用联社签订委托贷款合同，由信用社按最低基准利率对村民发展河田鸡等生产项目放贷。同时，着手兴建投资 120 万元、占地 7 亩的中心育雏场。目前，南山下远山种养专业合作社已发展养殖专业户 12 户，养殖规模达年出笼 13 万羽，产值 240 余万元，利润 60 多万元。他们又通过开辟竹山道路、劈杂、浅锄、施肥等措施把张坑片的近 4000 亩竹林建成精品示范林，使每亩立竹数达 180 株，竹业年总产值达 200 万元。

该村提出科教兴村、科技兴村的路子，着力提高群众整体素质，培育新型农民。投资 100 多万元建设宝龙光彩小学综合楼，对原教学楼也重新维修，配置了 20 台电脑，整个校园焕然一新。同时，建立了农民文化学校。

该村结合独特的自然条件，重新规划建设。宝龙新村、土山下、张坑 3 个村民聚居区，统一规划、统一建设、统一外装修，拆除新区内的空心房、旧房 24700 万多平方米，把旧宅基地恢复成农田。该村还结合农业综合开发等工程项目，开展家园清洁行动，按照人畜分离、家园整洁、分步实施的原则，逐步改善村民生产生活环境。

四都镇圭田村是长汀县美丽乡村建设示范点，近年来，该镇因地制宜投资 960 万元，按照"一柚、二园、六区"建设"归龙水乡"思路，打造一个集水景观、水致富、水娱乐为一体的"归龙水乡"景区。

圭田村在镇党委、政府的领导支持下，认真贯彻落实党在农村的各项方针、政策，带领全村广大群众，积极开拓，勇于创新，大力发展农业生产，村民的生活水平逐步提高。在抓好经济建设、建设社会主义新农村的同时，该村以建设文明新村为目标，不断提高全体村民的整体素质。特别是 2011 年 1 月省派挂职书记到村任职以后，圭田村的村容村貌发生了很大的变化，烟基、移民、农综等各种项目相继实施，极大地改善了基础设施建设，也改善了村民的生产生活环境，为村民的增产增收奠定了坚实的基础。

如今四通八达的水泥路、鹅卵石景观路，为圭田织起了新的交通网。道路两边是桂花、毛杜鹃、红叶石楠等景观树，令人目不暇接。

村中建公园一个、公园道路 3000 米、沿湖休闲鹅卵石路面 860 米、垂钓台 7 个、观景亭 1 个、石拱桥 1 座、牌楼 1 座、风景石 15 个、种植彩色树种 600 多棵；建停车场 1000 平方米；安装路灯 13 盏；建设观音园 1300 平方米，巨大的花岗岩观音塑像，巍然矗立。碧波荡漾的龟湖、游船、垂钓者、石拱桥、观景亭、牌楼……犹如一幅集水景观、水娱乐、水旅游、水致富、湖特色于一体的"归龙水乡清明上河图"，美丽极了。

第五节
进则全胜

习近平同志指示"要总结长汀经验",强调"进则全胜,不进则退",这是对长汀人民治理水土的厚望,也是对长汀人民巨大的鞭策和鼓舞。长汀经验,之所以是经验,而不是模式,关键是它深深刻上了时代的烙印。在一个变革的年代,在一个社会变迁的年代,在摸着石头过河的岁月,长汀人民没有辜负这个时代所带来的机遇。正因为这样,长汀经验需要总结,这样才能为生态文明建设、实现中国梦增添正能量。

在中共中央的关怀和大力支持下,国家部委领导来了,高规格的全国性大会接连在长汀召开。2011 年 12 月 22~23 日,以中共中央政策研究室农村局局长冯海发为组长的中央七部委联合调研组深入长汀开展专题调研;2012 年 5 月 17 日,水利部在长汀召开总结推广长汀水土流失治理经验座谈会;7 月 21 日,国家林业局在长汀召开全国林业厅局长会议。

省委、省政府对闽西老区水土流失治理的支持力度空前加大。原省委书记孙春兰,数次深入龙岩市长汀县,指导水土流失治理和生态建设工作。市四套班子领导和市直有关部门分别挂钩 4 个重点县和全市的 27 个重点乡镇。市委、市政府先后下发了《关于认真贯彻落实习近平副主席重要批示精神,进一步加快水土流失治理和生态市建设的决定》《关于对水土流失重点片区治理工作实行挂牌督办的通知》等 12 份重要文件。

● 中央七部委在南坑村调研

2012 年 8 月，龙岩市委四届二次全体扩大会议审议通过《关于加快推进生态市建设的意见》，为加快推进我市水土流失治理和生态市建设提供了政策支持和制度保障。国家有关部委和省、市有关部门从政策、项目、资金、技术、人才等各个方面给予大力支持。

长汀扬起更大的风帆，再次掀起了水土流失治理的新热潮。然而，水土治理是一项浩大的工程，长汀虽然经过很长一段时间，花了巨大的人力、物力、财力、精力，确是取得了很大成绩，但是，对于长汀来说，水土治理还处于爬坡阶段，处在"进"与"退"的分水岭上，这正是一个关口，需要的是继续使劲，不能骄傲，不能盲目乐观。"进则全胜"，意味着几代人不懈努力将得以巩固发展；"不进则退"，则意味着前功尽弃。这犹如逆水行舟，容不得半点懈怠，必须保持忧患意识。

继续治理和巩固治理的任务还十分艰巨，主要表现为以下几点。一是治理任务重。全县尚有 48.37 万亩未展开治理的水土流失地，且地处边远山区，交通不便，多为陡坡、深沟，不利于植物生长，种植、管护难度很大。二是巩固难度大。目前已治理的水土流失地种植的大部分为针叶林，林分结构单一，水源涵养能力低，易发生病虫害和火灾，森林资源面临较大的安全隐患。三是治理成本高。由于劳动力缺乏，工资、肥料、燃煤、液化气等价格成倍增长，导致群众砍伐割草当燃料的现象有所反弹，给封山育林工作带来新的压力。四是经济总量小。长汀仍为福建省经济欠发达县，属于需要省财政给予基本财力保障补助的困难县，主导产业不发达，综合经济实力尚弱，县财政用于水土流失治理工作的资金有限。

为了认真贯彻落实习近平同志重要指示精神，扎实推进新一轮水土流失综合治理工作，长汀县委和县政府提出"滴水穿石，持续开展水土治理；人一我十，打造科学发展品牌"的口号，号召全县人民围绕把长汀建设成为全国生态文明和林业建设示范县的目标而努力，将水土流失治理、整体生态保护、改善人民群众生活三者紧密结合起来，坚持生态治理与发展经济并重，坚持环境保护与改善民生并行，走水土保持促进经济发展、经济发展支撑生态保护的可持续发展道路，加大水土流失治理，从科技、机制、管理几方面创新，提升生态经济效益，把长汀建成全国水土流失治理的样板。具体从如下三个方面抓好。

一是在更高起点上谋划长汀水土流失治理和生态县建设。围绕生态省建设示范县、全国水土保持生态文明县的目标，按照生态示范县建设的标准，坚持生态治理与发展经济并重、环境保护与改善民生并举，将水土流失综合治理、整体生态保护、改善人民生活三者紧密结合起来，加大对水土流失治理模式、科技、机制、管理的创新，用区域化治理、园区化运作、项目化推动的理念，做好 48.37 万亩未治理流失区和 117.8 万亩已经治理区域的生态恢复、生态修复，力争再用 5 年时间，基本解决传统的水土流失问题，在更高起点上推进新一轮水土流失综合治理和生态县建设工作，向由"绿"变"富"、由"绿"变"美"、由"绿"变"生态文明"的更高目标迈进，走出一条水土保持促进经济发展、经济发展支撑生态保护的可持续发展道路。

二是全力以赴抓好水土流失治理、巩固、提升工作。坚持治理保护与科学开发相统筹，根据不同区域不同的生态资源状况，采取不同的措施，最终实现治理、巩固、提升同步并进，同步见效。

治理。对48.37万亩未治理水土流失区，采取流域治理、网格化治理、梯度治理等不同模式进行治理。对立地条件较好的区域，一步到位，采取针阔混交治理等模式进行治理；对坡度较陡、水肥条件较差等立地条件恶劣的区域，采取"反弹琵琶"等模式逐步进行治理。同时，将汀江流域治理、空气污染治理、生活环境治理等纳入水土流失治理的范畴，治山、治水、治空气、治环境同步进行，通过立体式治理，全面改善县域内整体生态环境。

巩固。对117.8万亩初步治理的水土流失区，通过封禁保护、抚育施肥、树种结构调整、加强监管、限制开发等办法进行巩固。同时，对全县的生态资源采取全面封山育林、禁止打枝割草、禁止乱砍滥伐、严禁未经审批毁林开矿、严禁乱建坟墓、严禁未经审批野外用火等有效措施，进行整体保护。

提升。结合水土流失治理工作，大力发展生态农业让群众从山上转得下，实行生态移民让群众从山里转得出，提升社会保障和公共服务水平让转出群众留得住，发展以生态工业为主的二、三产业让转出群众能发展，从根本上解决水土流失区的生态承载压力，最终达到治理与发展齐头并进，发展与惠民同步并行的效果。继续实施"产业兴县"战略，大力发展纺织、稀土、机械电子和农副产品加工、旅游等"3+2"主导产业，以工业化带动城镇化和农业现代化，实现"二产促一产带三产"的产业结构调整，促进农业增效、农民增收、农村和谐；加快推进小城镇、新农村建设进程，实施以"造福工程"搬迁为主的生态移民工程，为水土流失区群众的转移创造条件；继续实施"项目带动"战略，积极组织实施一批农业、林业、教育、卫生、交通、社会保障等民生社会事业项目，使水土流失区的群众愿转出、转得出、留得住、能发展。

三是全面加强新一轮水土流失治理和生态县建设工作的组织领导。及时调整充实县、乡领导小组及办公室，抽调精干力量充实到河田、大同、策武等重点乡镇，并组建水土保持工作队，专抓水土流失治理和生态示范县建设工作。进一步建立健全乡镇领导任期水土流失防治目标责任制，做到县领导和部门挂钩水土保持工作责任制，并签订水土流失治理工作责任状，从制度上保证新一轮水土流失治理和生态县建设工作顺利推进。同时，认真寻找差距和不足，变压力为动力，边推进、边创新、边总结、边提升，通过具体实践，推动全县水土流失治理和生态县建设取得更大成效。

2015 年 12 月，长汀县在制定国民经济和社会发展第十三个五年规划纲要中，又进一步明确提出加大生态保护与建设力度，建设绿水青山美丽家园。具体包括以下几个方面。

第一，深入实施水土保持工程。进一步提升"长汀经验"，深入推进国家生态保护与示范区建设，采用新技术新方法，巩固和提升水土流失治理效果。积极争取各级各部门持续加大对水土流失治理的政策扶持和项目支持，强化"进则全胜"，最终实现全面治理的目标。到 2020 年，水土流失率控制在 10% 以下。

第二，加强生态保护和环境修复。推进和提升生态保护工作机制，严守生态保护红线，适度控制毛竹林扩张速度，禁止在水源涵养林区使用有毒农药，强化对汀江水源涵养区、集中式水源地、生态公益林等生态功能区和生态环境敏感区域、生态脆弱区域的有效保护。加快城镇绿化美化提升工程建设，持续推进城市、村镇、交通干线两侧，以及主要江河干支流及水库周围等区域的造林绿化。加强自然保护区和湿地保护工程建设，加快推进汀江源国家级自然保护区相关工作，加大汀江国家湿地公园保护工程建设，继续实施小水电退出机制试点，维护生物多样性和天然湿地重要生态功能。持续推进生态旅游景观建设工程，在美丽乡村、历史文化名城、风景名胜区开展植树造林，实行管造并举，打造结构合理、功能完备的生态旅游景观。至 2020 年，森林覆盖率达到 79.8% 以上。

第三，大力发展生态低碳循环经济。坚持生态保护与经济发展并重，严格按照国家重点生态功能区要求，以生态保护为前提，引导企业实施节能降耗、技术更新和设备改造，构建集约发展、资源节约、绿色环保的生态工业体系。推进农业结构调整，发展绿色农业、特色农业，推广"草—牧—沼—果"循环种养，提升生态农业发展水平。以产业园区为重点，引导产业向资源节约型和环境友好型转型，推动环保技术、清洁生产工艺的转化与使用。完善亩产效益评价体系，推进要素市场化配置综合配套改革，加快淘汰高能耗、高污染和低效能企业的发展步伐。制定产业发展的负面清单，明确严格禁止和限制的行业清单、企业清单以及产品、工艺或生产线清单等范围，对"负面清单"实施全过程监管。加大循环经济试点示范，实现企业生产过程清洁化、废物循环资源化、能源利用高效化。深入实施宜居环境建设行动计划，大力发展绿色建筑、绿色交通。

第四，建立健全生态文明制度体系。对接落实国家、省重点生态功能区政策，认真实施生态转移支付项目建设，启动市场化生态补偿模式，推进环境污染公益诉讼，加快建立生态环境保护目标体系，建立健全汀江流域上下联动合作机制，逐步建立和完善长汀生态文明建设制度。到 2020 年基本达到国家生态文明建设示范县的指标。

生态家园

○大美汀州○

治理水土流失是世界性问题，也是全球性问题，更是全人类生存问题，长汀治理水土流失的成功，无疑对世界是一种贡献。长汀人民有决心，也相信自己有能力秉持尊重自然、顺应自然、保护自然的理念，把生态文明建设融入经济建设、政治建设、文化建设、社会建设各方面和全过程中去，围绕汀江生态经济走廊建设，实施"治山、治水、治田、治污"示范工程，着力打造六大功能板块，合理布局生态、生活、生产性项目，探索经济增长与生态文明融合互动的新路径，持续推进水土流失治理，打造水土流失治理"长汀经验"升级版，在生态文明建设实践中再创丰碑！

主要参考文献

中共长汀县委、长汀县人民政府:《滴水穿石,持续开展水土治理;人一我石,打造科学发展品牌》,见福建省龙岩市政协文史和学习委编《闽西水土保持纪事》,政府内部资料。

廖金璋:《绿回汀江畔》,《闽西日报》"山茶花"副刊2016年1月5日。

廖金璋:《红色基因相传,根治荒山致富》,《红土地》2016年第5期。

长汀县人民政府:《长汀县十三五国民经济和社会发展规划纲要(草案)》。

后记

　　长汀是块神奇而又充满活力的热土，一千多年的历史沉淀孕育了丰富的客家文化，苦难辉煌铸就了厚重的红色基因。新中国成立后，特别是改革开放以来，在中国共产党的领导下，长汀客家儿女发扬"滴水穿石，人一我十"的长汀精神，以"进则全胜，不进则退"的大无畏的英雄气概，万众一心，奋力拼搏，披荆斩棘，治理水土，取得了辉煌成就，造就了美丽的生态文明。昔日的火焰山变成了花果山，荒山变成了绿洲，如今森林茂密，繁花似锦，瓜果飘香，实现了生态与产业齐飞，生态与民生并举。

　　"大美汀州"丛书的编纂工作正是基于此从 2015 年 10 月开始启动，终于付梓。值此纪念中国共产党成立 100 周年之际，谨以此丛书献给广大读者，以进一步弘扬中华优秀文化与中国共产党的优良传统和作风，不忘初心、继续前进，为实现中华民族伟大复兴的中国梦而努力。

　　丛书的编写是集体智慧的结晶。整套丛书的观点是参加讨论人员思想的相互碰撞、深入交流的成果。"大美汀州"系列丛书分为《历史名城》《客家首府》《红军故乡》《生态家园》《长汀映像》，各位作者分别从不同视角执笔撰写，诠释大美汀州。具体分工为：《历史名城》的主编为郭文桂，执行主编为李文生、张鸿祥；《客家首府》的主编为肖剑南，执行主编为李文生、付进林；《红军故乡》的主编为曹敏华、执行主编为李文生、张鸿祥；《生态家园》的主编为林红，执行主编为李文生、廖金璋；《长汀映像》的主编为叶志坚，执行主编为李文生、叶海文。

本书在编写过程中得到了许多领导的关心与支持，中共福建省委党校常务副校长陈雄指导了本丛书的撰写，副校长徐小杰组织教授专程来长汀共同探讨丛书的编写工作。中共长汀县委书记廖深洪、长汀县人民政府县长马水清十分关注丛书的编纂工作，提出要将这套丛书作为宣传长汀的一项重要工作来抓。具体由长汀县政协主席丘发添负责丛书的统筹协调，汀州客家联谊会会长李文生负责丛书的统筹和大纲的撰写。中共长汀县委党校、长汀县文体广电新闻出版局、汀州客家联谊会等单位为丛书的编纂提供了积极帮助。在此，让我们道一声：谢谢你们了！

我们尤为感谢福建省人大常委会原副主任谢先文和福建省人民政府副省长李德金倾情作序。

我们特别感谢社会科学文献出版社的编辑们对此丛书进行了认真的审阅，感谢他们辛勤的付出以及对本丛书写作和出版提供的大力支持。

长汀悠久的历史文化、璀璨的客家文化、光辉的红色文化、和谐的生态文化使"大美汀州"的映像呈现于世人面前，这是我们宝贵的精神财富，守护好这座精神家园是历史赋予我们的神圣职责。

由于我们的认知有限、经验不足，本丛书还有许多不足之处，期盼广大读者给予批评指正。

编者于长汀

图书在版编目（CIP）数据

生态家园 / 林红主编 . —— 北京 : 社会科学文献出
版社 , 2021.6
（大美汀州）
ISBN 978-7-5201-3317-3

Ⅰ.①生… Ⅱ.①林… Ⅲ.①水土流失—综合治理—
长汀—文集 Ⅳ.① S157-53

中国版本图书馆 CIP 数据核字 (2018) 第 193447 号

· 大美汀州 ·

生态家园

主　　编 / 林　红
执行主编 / 李文生　廖金璋

出　版　人 / 王利民
责任编辑 / 张建中

出　　版 / 社会科学文献出版社 · 政法传媒分社（010）59367156
　　　　　　地址：北京市北三环中路甲 29 号院华龙大厦　邮编：100029
　　　　　　网址：http://www.ssap.com.cn
发　　行 / 市场营销中心（010）59367081　59367083
印　　装 / 北京盛通印刷股份有限公司

规　　格 / 开　本：787mm × 1092mm　1/16
　　　　　　印　张：13.25　字　数：169 千字
版　　次 / 2021 年 6 月第 1 版　2021 年 6 月第 1 次印刷
书　　号 /ISBN 978-7-5201-3317-3
定　　价 / 78.00 元